国网河北省电力有限公司
STATE GRID HEBEI ELECTRIC POWER CO.,LTD.

110kV 变电站三维施工图通用设计

国网河北省电力有限公司　组编

U0261416

中国电力出版社
CHINA ELECTRIC POWER PRESS

《110kV 变电站三维施工图通用设计》是国网河北省电力有限公司充分发挥三维设计优化设计、指导施工技术优势、推动三维设计在工程建设中深化应用的重要体现，是实施标准化建设、统一工程建设标准、规范建设管理、合理控制造价的重要手段。

本书共分为三篇，第一篇为总的部分，包括概述、设计依据、使用说明、技术方案组合；第二篇为技术导则；第三篇为三维施工图通用设计技术方案，包括各方案施工图设计说明、卷册目录、主要图纸及图纸通用性说明。

本书可供电力系统各设计单位从事电力建设工程规划、管理、施工、安装、生产运行、设备制造等专业人员使用。

图书在版编目（CIP）数据

110kV 变电站三维施工图通用设计／国网河北省电力有限公司组编 .—北京：中国电力出版社，2022.10
ISBN 978-7-5198-6641-9

Ⅰ．①1…　Ⅱ．①国…　Ⅲ．①变电所-工程施工-施工设计-计算机辅助设计　Ⅳ.①TM63-39

中国版本图书馆 CIP 数据核字（2022）第 054842 号

出版发行：中国电力出版社
地　　址：北京市东城区北京站西街 19 号（邮政编码：100005）
网　　址：http://www.cepp.sgcc.com.cn
责任编辑：陈　倩
责任校对：黄　蓓　朱丽芳
装帧设计：张俊霞
责任印制：石　雷

印　　刷：三河市百盛印装有限公司
版　　次：2022 年 10 月第一版
印　　次：2022 年 10 月北京第一次印刷
开　　本：880 毫米×1230 毫米　横 16 开本
印　　张：8.5
字　　数：296 千字
定　　价：500.00 元

《110kV 变电站三维施工图通用设计》工作组

牵头单位： 国网河北省电力有限公司建设部　　　　国网河北省电力有限公司经济技术研究院

编制单位： 邯郸慧龙电力设计研究有限公司　　　　石家庄电业设计研究院有限公司

保定吉达电力设计有限公司　　　　国网河北省电力有限公司建设公司

《110kV 变电站三维施工图通用设计》编委会

主　　任： 何晓阳

副 主 任： 冯喜春　葛朝晖

委　　员： 陈　明　谢　达　段　剑　武　坤　吴永亮　李文斐　崔卫华　邵　华　刘学军　张　斌　李　涛　徐贵友

刘美江　朱燕舞　霍春燕　赵　杰　刘　铭　赵世昌　张　凯　刘　哲　刘　伟　宁江伟　司祎梅

《110kV 变电站三维施工图通用设计》编写组

主编 邢 琳 苏 轶

总的部分

编写 吴 鹏 吴海亮 张 骥 张 帅 张戊晨 王亚敏 胡 源 李 燕 王 宁 李明富

王 朔 程 楠 李亮玉 郑紫尧 张红梅 袁 博

HE-110-A1-1 通用设计方案

审核 陈近海

设总 许亚军 武志杰

校核 张建中 吴 涛 王劲文

编写 刘 敏 王海荣 陶建芳 霍利佳 王志娟 杜艳芳 宋媛媛 常荟莹 王 磊

HE-110-A2-4 通用设计方案

审核 李令杨

设总 陈 涛 霸文杰

校核 郝 琳 栗 军 闫 丽 张捷莉 商 炜

编写 于玉佼 李思佳 张亚玲 张 芳 马晓青 曹立刚 魏巧丽 赵 远 付 真 乔文轩

HE-110-A3-3 通用设计方案

审核 张元波 许洪涛

设总 吉 伟 路小军

校核 辛 磊 李 军 李志红 胡保玲

编写 杨 钊 何永健 张 勇 姚佳晴 霍启芳 杜文静 申哲巍

前　　言

　　为进一步提高电网工程三维设计水平，充分发挥三维设计优化设计、指导施工等方面的技术优势，推动三维设计技术在工程建设中深化应用，2021 年，由国网河北省电力有限公司建设部统筹指导，国网河北省电力有限公司经济技术研究院组织石家庄电业设计研究院有限公司、保定吉达电力设计有限公司和邯郸慧龙电力设计研究有限公司 3 家设计单位，在《国家电网公司输变电工程通用设计 35～110kV 智能变电站模块化建设施工图设计（2016 年版）》和《国家电网有限公司 35～750kV 输变电工程通用设计、通用设备应用目录（2021 年版）》（基建技术〔2021〕2 号）基础上，总结、吸收变电站建设技术创新和实践成果，完成国网河北省电力有限公司 110kV 变电站三维施工图通用设计。

　　《110kV 变电站三维施工图通用设计》主要包括变电站三维施工图通用设计方案、设计技术导则和标准化的施工图设计文件等。

　　一、结合国网河北省电力有限公司 110kV 变电站设计方案调研情况，选取 3 个覆盖率高的设计方案（HE-110-A1-1、HE-110-A2-4、HE-110-A3-3），在原有通用设计方案基础上进一步创新优化、深化细化，形成 3 个 110kV 变电站施工图三维通用设计方案。

　　二、编制 110kV 变电站三维施工图通用设计技术导则，指导变电站设计。

　　三、考虑三维施工图设计图纸数量庞大，对 3 个方案的三维施工图做了通用性说明，由于标准化程度高，实际工程应用时绝大部分图纸可完全通用或微调后通用，保证图纸统一、表达准确。

　　本书共分为三篇，第一篇为总的部分，包括内容介绍、使用说明、技术方案组合；第二篇为技术导则；第三篇为三维施工图通用设计技术方案，包括各方案施工图设计说明、卷册目录、主要图纸及图纸通用性说明。

　　由于编者水平有限，不妥之处在所难免，敬请读者批评指正。

编　者

2021 年 12 月

目　录

第一篇

总 的 部 分

第1章 概 述

1.1 编制原则

为了深化标准化设计、全面推行施工图三维设计，助力数字化孪生落地，以国网河北电力"七化"（标准化设计、工厂化加工、机械化施工、模块化建设、数字化孪生、智慧化管控、人性化管理）相关要求为指导，以有效降低电力设计建模工作量、大幅提升工程设计质量和效率为目的，在《国家电网公司输变电工程通用设计 35～110kV 智能变电站模块化建设施工图设计（2016 年版）》和《国家电网有限公司 35～750kV 输变电工程通用设计、通用设备应用目录（2021 年版）》（基建技术〔2021〕2 号）的基础上，落实《国网基建部关于开展输变电工程三维设计评价工作的通知》（基建技术〔2020〕25 号）、《国网河北省电力有限公司关于输变电工程全面深化应用三维设计的意见》（冀电建设〔2019〕19 号）等文件要求，应用三维设计手段，编制河北南网《110kV 变电站三维施工图通用设计》。

1.2 成果内容及特点

（1）筛选主设备进行建模，提高施工图三维设计效率。依据河北南网变电站主设备调研结果，选取应用密集度最高的设备作为整站建模范例，利用省公司现有三维产品模型库中电气设备模型 31 个、土建模型 13 个，新建电气设备模型 108 个（包括主变压器、电容器组、GIS 组合电器、中性点装置、避雷器、10kV 开关柜、接地消弧装置等），新建土建三维模型 59 个（包括配电装置室、辅助用房、主变压器基础、构架及其基础、水工构筑物等）。

（2）依托以往工程，对三种通用设计方案进行优化设计，为河北南网相关

设计单位提供了较为完善的施工图三维设计标准模型及解决方案。

（3）三种三维施工图通用设计方案（HE-110-A1-1、HE-110-A2-4、HE-110-A3-3）满足河北南网大多数 110kV 变电站建设需要，适用性强。三种三维施工图通用设计方案，将在河北南网范围内实现新建变电站技术方案优化统一，大大提高三维设计的规范化和标准化程度，实际应用中不得随意调整相关原则。

1.3 工作方式及过程

1.3.1 工作方式

（1）统一组织，分工负责。国网河北电力建设部统筹指导，国网河北经研院牵头组织，石家庄电业设计研究院有限公司、保定吉达电力设计有限公司、邯郸慧龙电力设计研究有限公司参加编写。

（2）广泛调研，征求意见。国网河北电力建设部统一组织，通过对河北南网 2016～2020 年 110kV 变电站通用设计的应用情况进行汇总分析，确定三种通用设计方案（HE-110-A1-1、HE-110-A2-4、HE-110-A3-3）。在国网通用设计的基础上，结合河北南网应用情况，优化确定技术方案组合，并征求各市公司意见。

（3）严格把关、保证质量。国网河北电力建设部牵头成立工作组，把控工作进度，确保工作质量，保证按期完成。

1.3.2 工作过程

河北南网 110kV 变电站三维施工图通用设计编制工作分为选定设计方案、解决重点问题、统一主要设计原则、编制施工图设计文件、形成并完善设计成

果五个阶段。

（1）调研方案应用情况，选定设计方案。2020 年 10 月，调研各市公司近年 35～110kV 智能变电站模块化建设施工图通用设计各方案应用需求，根据应用情况确定施工图的设计方案。同时向各市公司征求意见，经讨论后确定各方案主要建设规模、接线型式、布置方式、设备选型原则等主要技术条件。

（2）深化施工图设计，解决重点问题。2020 年 11 月，先行明确设计深度，多次组织研讨会讨论方案的适用范围，统一技术细节，优化设计方案，解决电缆敷设、暖通设计、结构设计等问题，明确出图方式及原则。

（3）统一主要设计原则，确保技术合理先进。2020 年 12 月，各专业明确施工图设计具体要求，统一主要设计原则，同时向各市公司征求修改意见。针对反馈意见，各专业进一步讨论确定主要设计原则。

（4）编制各方案施工图设计文件，形成设计成果。

2020 年 12 月，编制完成三维施工图初稿。

2021 年 2～3 月，国家电网有限公司下发《国网基建部关于发布输变电工程通用设计通用设备应用目录（2021 年版）的通知》（基建技术〔2021〕2 号），根据此文件要求对三维施工图通用设计方案进行修编。

2021 年 4 月，组织召开国网河北电力变电站通用设计实施方案评审会。

2021 年 4～5 月，依据评审会意见修订完善技术方案。

2021 年 6～7 月，编制完成三维施工图。先后召开 2 次评审会，经编制单位内部校核、交叉互查、专家评审，修改完善后，形成河北南网 110kV 变电站三维施工图。

2021 年 7 月，书面形式征求各单位意见，并对意见进行反馈答复。

（5）召开统稿会，形成河北南网 110kV 变电站三维施工图通用设计成果。

2021 年 7 月，召开统稿会，统一图纸表达、图纸应用等，形成河北南网 110kV 变电站三维施工图通用设计成果。

第 2 章 设 计 依 据

2.1　设计依据性文件

《国家电网公司输变电工程通用设计　35～110kV 智能变电站模块化建设施工图设计（2016 年版）》

《国网基建部关于开展输变电工程三维设计评价工作的通知》（基建技术〔2020〕25 号）

《国网基建部关于印发输变电工程三维设计初设评审大纲（2020 年）的通知》（基建技经〔2020〕37 号）

《国网基建部关于发布输变电工程通用设计通用设备应用目录（2021 年版）的通知》（基建技术〔2021〕2 号）

《输变电工程三维设计建模规范　第 1 部分：变电站（换流站）》（Q/GDW 11810.1）

《输变电工程三维设计模型交互规范》（Q/GDW 11809）

《国网河北省电力有限公司关于输变电工程全面深化应用三维设计的意见》（冀电建设〔2019〕19 号）

《国网河北电力建设部关于进一步加强输变电工程三维设计工作的通知》（建设〔2020〕39 号）

2.2　主要设计标准、规程规范

下列设计标准、规程规范中凡是注日期的引用文件，其随后所有的修改单或修订版均不适用于本通用设计，凡是不注日期的引用文件，其最新版本适用于本通用设计。

继电保护和安全自动装置技术规程（GB/T 14285）

智能变电站技术导则（GB 30155）

厂房建筑模数协调标准（GB 50006）

建筑地基基础设计规范（GB 50007）

建筑结构荷载规范（GB 50009）

混凝土结构设计规范（GB 50010）

建筑抗震设计规范（GB 50011）

建筑设计防火规范（GB 50016）

钢结构设计规范（GB 50017）

钢结构设计规范（GB 50017）

交流电气装置的过电压保护和绝缘配合设计规范（GB 50064）

交流电器装置的接地设计规范（GB 50065）

火灾自动报警系统设计规范（GB 50116）

电力工程电缆设计标准（GB 50217）

并联电容器装置设计规范（GB 50227）

火力发电厂与变电站设计防火规范（GB 50229）

厂矿道路设计规范（GBJ 22）

钢筋巷架楼承板（JG/T 368）

电能计量装置技术管理规程（DL/T 448）

地区电网调度自动化设计技术规程（DL/T 5002）

电力系统调度自动化设计技术规程（DL/T 5003）

电力工程直流系统设计技术规程（DL/T 5044—2014）

变电站总布置设计技术规程（DL/T 5056）

火力发电厂、变电站二次接线设计技术规程（DL/T 5136）

电能量及电能计量设计技术规程（DL/T 5137）

电能量计量系统设计技术规程（DL/T 5202）

导体和电器选择设计技术规定（DL/T 5222）

35kV～220kV 变电站无功补偿装置设计技术规定（DL/T 5242）

国家电网公司输变电工程施工图设计内容深度规定　第 1 部分：110（66）kV 变电站（Q/GDW 1381.1）

《国家电网有限公司十八项电网重大反事故措施 2018 年修订版》（国家电网生技〔2018〕979 号）

国家电网公司输变电工程通用设计 110（66）kV 智能变电站模块化建设（2015 年版）

第3章　使　用　说　明

3.1　适用范围

按照变电站主变压器建设规模、配电装置型式等不同，河北南网 110kV 变电站三维施工图共分为 3 个方案。应根据具体工程条件，从中选择适用的方案作为变电站本体设计。

设计范围是变电站围墙以内，设计标高零米以上，未包括受外部条件影响的项目，如系统通信、保护通道、进站道路、竖向布置、站外给排水、地基处理等。

假定站址条件：

（1）海拔：＜1000m。

（2）环境温度：－30～40℃。

（3）最热月平均最高温度：35℃。

（4）覆冰厚度：10mm。

（5）设计风速：27m/s。

（6）设计基本地震加速度：0.15g。

（7）地基：地基承载力特征值取 f_{ak}＝120kPa，地下水无影响，场地同一标高。

3.2　应用方法

原则上应直接选择本施工图通用设计方案。

个别工程远期规模与河北南网 110kV 变电站三维施工图通用设计不一致时，应因地制宜，分析基本方案。远期规模较通用设计规模减小时，应在保证电气主接线方案不变、不影响整个方案布置格局的前提下，进行必要优化；远期规模较通用设计规模增加时，确需突破通用设计指标时，应进行必要论证及经济技术比选。

3.3　注意事项

（1）核实详细资料。根据初步设计评审及批复意见，核对工程系统参数，核实详勘资料，开展电气、力学等计算，落实通用设计方案。

（2）编制施工图。按照《国家电网公司输变电工程施工图设计内容深度规定　第 1 部分：110（66）kV 变电站》（Q/GDW 1381.1）要求，根据工程具体条件，以施工图通用设计卷册目录、图纸为基础，合理选用相关标准化图纸，编制完成全部施工图。

（3）核实厂家资料。设备中标后，应及时核对厂家资料是否满足通用设备技术及接口要求，并以中标设备的产品模型更换通用设备模型。

3.4　三维模型应用方法

3.4.1　电气模型应用方法

HE－110－A1－1、HE－110－A2－4、HE－110－A3－3 方案三维建模均依托

实际工程，设备模型按照相关工程进行实际建模，所有模型符合通用设备接口且满足国家电网有限公司产品模型建模规范要求。应用上述三个方案开展施工图设计时，主变压器、中性点成套设备、GIS、电容器组、接地变压器消弧线圈成套装置、开关柜、电压互感器、避雷器、二次屏柜、预制舱等设备需根据中标厂家产品模型在原位置进行替换，并完成导体连接；金具绝缘子、穿墙套管、汇控柜、电源箱、照明箱、灯具、支架、电缆终端等模型可直接应用。三维模型截图可通过扫描二维码获得。

方案 HE-110-A1-1　　方案 HE-110-A2-4　　方案 HE-110-A3-3

3.4.2　土建模型应用方法

HE-110-A1-1、HE-110-A2-4、HE-110-A3-3 方案三维建模均按适合河北南网大部分地区的地震烈度、地基承载力、站内外高差、给排水方式等主要假定条件，并结合给定的电气设备方案进行实际建模，所有模型符合国家电网有限公司模型建模规范要求。应用上述三个方案开展施工图设计时，配电装置室结构、110kV GIS 基础、电容器组基础、接地变压器基础等受地基承载力、电气设备影响较大需要根据具体工程微调进行替换，围墙、站内道路、室外电缆沟（井）、硬化地面、配电装置室建筑、附属房间建筑结构、消防水泵房建筑结构、10kV 开关柜基础、二次设备室基础、水暖部分、主变压器基础、散热器基础、主变压器防火墙、二次设备舱基础、室内外构支架及钢梁、避雷针、事故油池等模型可直接应用。

第 4 章　技 术 方 案 组 合

110kV 变电站三维施工图通用设计技术组合见表 4-1。

表 4-1　　110kV 变电站三维施工图通用设计技术方案组合

序号	通用设计实施方案编号	建设规模	接线型式	总布置及配电装置	围墙内占地面积（hm²）/总建筑面积（m²）
1	HE-110-A1-1	主变压器：2/3×50MVA；出线：110kV 2/3 回，10kV 24/36 回；每台主变压器 10kV 侧无功：并联电容器 2 组	110kV：本期内桥，远期扩大内桥；10kV：本期单母线分段，远期单母线三分段	主变压器户外布置；110kV：户外GIS，架空出线；10kV：户内开关柜，电缆出线	0.3585/455
2	HE-110-A2-4	主变压器：2/3×50MVA；出线：110kV 2/3 回，10kV 28/42 回；每台主变压器 10kV 侧无功：并联电容器 2 组	110kV：本期内桥，远期扩大内桥；10kV：本期单母线三分段，远期单母线四分段	主变压器户内布置；110kV：户内GIS，电缆出线；10kV：户内开关柜，电缆出线	0.3680/1180

续表

序号	通用设计实施方案编号	建设规模	接线型式	总布置及配电装置	围墙内占地面积（hm²）/总建筑面积（m²）
3	HE-110-A3-3	主变压器：2/3×50MVA；出线：110kV 2/3 回，10kV 24/36 回；每台主变压器 10kV 侧无功：并联电容器 2 组	110kV：本期内桥，远期扩大内桥；10kV：本期单母线三分段，远期单母线四分段	主变压器户外布置；110kV：户内GIS，电缆出线；10kV：户内开关柜，电缆出线	0.3564/890

技 术 导 则

第5章　110kV变电站三维施工图通用设计技术导则

5.1　概述

110kV变电站三维施工图通用设计技术导则依据电力行业相关设计规定，总结110kV智能变电站施工图设计经验，同时结合国家电网有限公司输变电工程通用设计、通用设备、标准工艺及"两型三新一化"相关要求进行编制。

110kV变电站三维设计施工图通用设计3个典型方案均遵循设计技术导则编制完成，当实际工程与通用方案有差异时，应根据技术导则合理调整。

5.2　电气部分

5.2.1　电气主接线

电气主接线根据初步设计所确定的接线形式开展施工图设计。

（1）110kV远期规模3线3变采用扩大内桥。

（2）10kV接线36回（42回）采用单母线三（四）分段接线。

（3）主变压器中性点接地方式。110kV主变压器经隔离开关接地，依据出线线路总长度及出线线路性质确定10kV系统采用不接地、经消弧线圈接地方式。

5.2.2　电气总平面

变电站总平面布置遵循《国家电网有限公司35～750kV输变电工程通用设计、通用设备应用目录（2021年版）》（基建技术〔2021〕2号）要求，并进行优化调整。

出线方向应适应各电压等级线路走廊要求，尽量减少线路交叉和迂回。

站内电缆沟、管布置在满足安全及使用要求下，应力求最短线路、最少转弯，可适当集中布置，减少交叉。高压电缆与低压电缆分沟敷设。低压电缆沟截面采用800mm×800mm、800mm×1000mm规格，10kV电缆沟宽度应采用1400mm×1000mm、1100mm×1000mm规格，站内电缆井采用2500mm×2000mm、2500mm×3000mm、1500mm×2000mm规格。站内电缆（埋管）在满足工艺要求下应减少埋深，采用管沟（井）结合方式敷设。

5.2.3　配电装置

110kV配电装置采用户外GIS配电装置、户内GIS配电装置。10kV配电装置均采用户内交流金属封闭开关柜。主变压器分为户外、户内两种布置形式。

5.2.3.1　户外GIS配电装置

（1）总体要求。

户外配电装置的布置，导体、电气设备、架构的选择，应满足在当地环境条件下正常运行、安装检修、短路和过电压时的安全要求，并满足规划容量要求。

户外高压配电装置各回路相序排列宜一致，一般按面对出线，从左到右、从上到下、从远到近的顺序，相序为A、B、C。

（2）跨线设计。

110kV 各跨导线设计应考虑正常运行、安装、检修时的各种荷载组合。检修时对跨线中有引下线的构架，应考虑导线上人。跨线耐张绝缘子串仅限于根部可以三相同时上人，三相上人总重（人及工具）不超过 1000N/相；单相上人总重（人及工具）不超过 1500N/相。主变压器进线档不考虑三相同时上人。

各跨导线在安装紧线时应采用上滑轮牵引方案，牵引线与地面的夹角不大于 45°，并严格控制放线速度，以满足构架的荷载条件。安装紧线时引起的附加垂直荷载和梁上上人荷载按不应超过 2000N 考虑。

主变压器架构的设计仅考虑 110kV 主变压器进线档导线的荷载，不考虑主变压器上节油箱的起吊重量，主变压器检修需起吊上节油箱时，必须采用吊车进行。

110kV 配电装置跨线弧垂按 1m 设计，出线弧垂按 0.6m 设计。

（3）出线构架设计。

当户外配电装置采用架空出线时，其出线构架应满足线路张力要求及进线档允许偏角要求。如果出线零档线采用同塔双回路，则终端塔宜设在两出线间隔的垂直平分线上。

各级电压配电装置出线挂环常规控制水平张力为 110kV 导线 5kN/相、地线 3kN/根。实际工程中，出线梁应根据线路资料进行复核。

5.2.3.2 户内 GIS 配电装置

（1）总体要求。

GIS 配电装置中需单独检修的电气设备、母线和出线，均应配置接地开关。一般情况下，出线回路的线路侧接地开关应采用具有关合动稳定电流能力的快速接地开关。

GIS 配电装置宜采用多点接地方式。

GIS 配电装置每间隔应分为若干个气隔，气隔的分隔应满足正常运行、检修和扩建的要求。

GIS 配电装置室内不设行车，采用吊钩结合地锚方式配合安装、调试。

（2）布置原则。

GIS 配电装置布置的设计，应考虑其安装、检修、起吊、搬运、运行、巡视以及气体回收所需的空间和通道。起吊设备容量应能满足起吊最大检修单元要求。

配电装置采用单列布置，避免双列布置，以满足室内 GIS 运输及安装的空

间要求。

同一间隔 GIS 配电装置的布置应避免跨土建结构缝。

GIS 配电装置室内应清洁、防尘，GIS 配电装置室内地面宜采用耐磨、防滑、高硬度地面，并应满足 GIS 配电装置设备对基础不均匀沉降的要求。

对于全电缆进出线的 GIS 配电装置，应留有满足现场耐压试验电气距离的空间。

5.2.3.3 10kV 户内交流金属封闭开关柜

户内开关柜室内各种通道的最小宽度（净距），不宜小于表 5-1 所列数值。

表 5-1　　　　配电装置室内各种通道的最小宽度（净距）　　　　mm

布置方式	通道分类		
	维护通道	操作通道	
		固定式	移开式
设备单列布置时	800	1500	单车长+1200
设备双列布置时	1000	2000	双车长+900

5.2.3.4 主变压器布置

（1）户外油浸变压器。

户外油浸变压器之间设置防火墙，满足防火距离要求。

（2）户内油浸变压器。

布置在户内的油浸式变压器采用散热器与本体分离布置方式。户内油浸变压器外廓与变压器室四壁的净距不应小于表 5-2 所列数值。

表 5-2　　　　户内油浸变压器外廓与变压器室四壁的最小净距　　　　mm

变压器容量	1000kVA 及以下	1250kVA 及以上
变压器与后壁侧壁之间	600	800
变压器与门之间	800	1000

5.2.4　设备安装

变电站电气设备的安装应根据《国家电网公司输变电工程标准工艺（三）工艺标准库（2016 年版）》的要求，设计工艺标准化与安装效果感观度相结合，结合工程总体实际安装情况，通过技术经济比较确定合适的设备安装工艺。典型设备安装主要分为变压器安装、组合电器安装、AIS 设备安装、电容器电抗

器安装、母线安装、开关柜安装等。

5.2.4.1 总体原则

（1）设备安装时，应满足安装地点的自然环境条件，并克服不利的自然因素。

（2）电气布置设计应考虑土建施工误差，确保电气安全距离的要求留有适当裕度。

（3）充油电气设备的布置，应满足带电观察油位、油温时安全、方便的要求，并应便于抽取油样。

5.2.4.2 变压器安装

（1）户内主变压器安装。

户内油浸变压器应安装在单独的变压器间内，并应设置灭火设施，其外廓与变压器室四周墙壁的最小净距应满足表5-2要求。

（2）户外主变压器安装。

户外单台电气设备的油量在1000kg以上时，应设置储油或挡油设施。储油设施内应铺设卵石层。

防火间距不能满足最小净距要求时，应设置防火墙。防火墙的高度应高于变压器储油柜，其长度应大于变压器贮油池。贮油和挡油设备应大于设备外廓每边各1000mm。

（3）主变压器各侧连接线的选择。

主变压器高、中压侧引线一般采用软导线连接；低压侧一般采用硬母线连接，与主变压器连接时应设置伸缩金具，金具的选择应与变压器套管的接线端子和硬母线相配合。

（4）接地。

变压器铁心、夹件的接地引下线应与油箱绝缘，从装在油箱上的套管引出后一并在油箱下部与油箱连接接地，接地处应有明显的接地符号或"接地"字样。

主变压器中性点直接接地时，应采用两根接地引下线引至主地网的不同方向，接地引线与设备本体采用镀锌螺栓搭接。

（5）主变压器基础的固定方案。

当主变压器基础采用条形基础时，土建基础梁的表面预埋钢板，变压器底座宜采用点焊方式固定在基础的预埋钢板上。

（6）走线槽的设置。

主变压器本体上的端子箱、机构箱引出的电缆应采用不锈钢槽盒保护，槽盒大小应与箱底开孔尺寸一致，高度为箱底至基础，与端子箱、机构箱的连接采用螺栓。

当主变压器户外布置时，端子箱、机构箱引出的电缆采用热镀锌钢管保护，以方便穿越卵石层至电缆沟。

（7）站用变压器安装。

1）油浸式站用变压器的储油柜上的油位计朝向应便于观察。

2）站用变压器高、低压套管引出线采用硬母线连接时，统一加装热缩套。

5.2.4.3 组合电器安装

GIS底座建议采用焊接固定在水平预埋钢板的基础上，也可采用地脚螺栓或化学锚栓方式固定。

对于GIS出线套管支架，其高度应能保证套管最低部位距离地面不小于2500mm。

在GIS配电装置间隔内，应设置一条贯穿所有GIS间隔的接地母线或环形接地母线。将GIS配电装置的接地线引至接地母线，由接地母线再与接地网连接；接地点的接触面和接地连线应能安全地通过故障接地电流；接地引线与设备本体采用螺栓搭接。

智能控制柜的基础宜采用螺栓固定于基础槽钢上，不宜采用点焊。箱柜底座与主接地网连接牢靠，可开启门应采用软铜绞线可靠接地。

5.2.4.4 AIS设备安装

（1）电压互感器安装。

互感器本体与接地网两处可靠接地，电容式套管末屏、电压互感器的N端、二次备用线圈一端可靠接地；采用高位布置时，安装在支架上，用螺栓与支架固定；每个支架应有两个接地点，接地点高度与其他设备接地点一致。

（2）避雷器安装。

采用高位布置时，安装在支架上，用螺栓与支架固定；每个支架应有一个接地点，接地点高度与其他设备接地点一致；避雷器两接线端子应对地绝缘，其绝缘水平应与电网额定电压的级别一致。

在线监测仪安装高度可按工程实际情况确定；压力释放口方向合理。

（3）穿墙套管安装。

穿墙套管采用水平安装，法兰应在外。

穿墙套管直接固定在钢板上时，套管周围不应形成闭合回路。

5.2.4.5 电容器安装

（1）电容器外壳应与主接地网连接牢固可靠（螺栓压接）。

（2）网门应装设行程开关，并需装设电磁锁或机械编码锁。对于活动式网门上的电缆，应采用多股软铜线电缆。

（3）空芯串联电抗器之间及其与周围钢构件之间净距要不小于制造厂要求的数值。钢构件不应构成闭合回路。

5.2.4.6 母线安装

（1）硬导体除满足工作电流、机械强度和电晕等要求外，导体形状还应满足以下要求：① 电流分布均匀；② 机械强度高；③ 散热良好；④ 有利于提高电晕起始电压；⑤ 安装检修简单，连接方便。

（2）硬导体和电器连接处，应装设伸缩接头或采取防震措施。

5.2.4.7 开关柜安装

（1）在配电装置室内应预埋基础槽钢，基础槽钢与变电站地网可靠连接。

（2）开关柜的底部框架应放置在基础槽钢上，可用地脚螺钉将其与基础槽钢相连或用电焊与基础槽钢焊牢。

（3）接地母线须为扁铜排，所有需要接地的设备和回路须接于此排。柜内接地铜排通过接地引线与接地模块可靠相连。

5.2.5 交流站用电系统

全站配置两台站用变压器，每台站用变压器容量按全站计算负荷选择；当全站只有一台主变压器时，其中一台站用变压器的电源宜从站外引接。

站用电低压配电网络采用 TN 系统。对于全户内、半户内变电站，应采用 TN-S 系统；对于户外变电站，可采用 TN-C-S 系统，其中中央配电屏后为 TN-S 系统，中央配电屏后 N 线不应重复接地。系统额定电压 380/220V。站用电低压母线采用按站用工作变压器划分的单母线分段接线，两段母线同时供电，分列运行。两段工作母线间不应设自动投入装置。

负荷计算采用换算系数法，站用变压器容量按式（5-1）计算：

$$S \geqslant K_1 P_1 + P_2 + P_3 \qquad (5-1)$$

式中　S——站用变压器容量，kVA；

　　　K_1——站用动力负荷换算系数，一般取 $K_1 = 0.85$；

　　　P_1——站用动力负荷之和，kW；

　　　P_2——站用电热负荷之和，kW；

　　　P_3——站用照明负荷之和，kW。

负荷类型与计算系统详见表 5-3。

表 5-3　　主要站用电负荷特性表

序号	名称	负荷类别	运行方式	计算系数
1	充电装置	Ⅱ	不经常、连续	0.85
2	浮充电装置	Ⅱ	经常、连续	0.85
3	变压器有载调压装置	Ⅱ	经常、断续	1
4	有载调压装置的带电滤油装置	Ⅱ	经常、连续	1
5	断路器、隔离开关操作电源	Ⅱ	经常、断续	1
6	断路器、隔离开关、端子箱加热	Ⅱ	经常、连续	1
7	通风机	Ⅲ	经常、连续	0.85
8	事故通风机	Ⅱ	不经常、连续	0.85
9	空调机、电热锅炉	Ⅲ	经常、连续	1
10	远动装置	Ⅰ	经常、连续	0.85
11	微机监控系统	Ⅰ	经常、连续	0.85
12	微机保护、检测装置电源	Ⅰ	经常、连续	0.85
13	空压机	Ⅱ	经常、短时	0.85
14	深井水泵或给水泵	Ⅱ	经常、短时	0.85
15	雨水泵	Ⅱ	不经常、短时	不记入负荷计算
16	消防水泵、变压器水喷雾装置	Ⅰ	不经常、短时	不记入负荷计算
17	配电装置检修电源	Ⅲ	不经常、短时	不记入负荷计算
18	电气检修间（行车、电动门等）	Ⅲ	不经常、短时	不记入负荷计算

检修电源的供电半径不宜大于 50m。主变压器附近电源箱的回路及容量宜满足滤注油的需要。

5.2.6 防雷接地

5.2.6.1 站内防雷

变电站防雷计算应根据《交流电气装置的过电压保护和绝缘配合》（GB/T 50064）要求执行。

变电站采用构架避雷针与独立避雷针联合构成全站配电装置和建筑物防直击雷保护。

独立避雷针（含悬挂独立避雷线的架构）的接地电阻在土壤电阻率不大于

$500\Omega \cdot m$ 的地区不应大于 10Ω。

独立避雷针（线）宜设独立的接地装置。在非高土壤电阻率地区，其接地电阻不宜超过 10Ω。当有困难时，该接地装置可与主接地网连接，但避雷针与主接地网的地下连接点至 35kV 及以下设备与主接地网的地下连接点之间，沿接地体的长度不得小于 15m。

独立避雷针不应设在人经常通行的地方，避雷针及其接地装置与道路或出入口等的距离不宜小于 3m，否则应采取均压措施，或铺设砾石或沥青地面。

独立避雷针与配电装置带电部分、变电站电气设备接地部分、架构接地部分之间的空气中距离，应符合式（5－2）的要求：

$$S_a \geqslant 0.2R_i + 0.1h \qquad (5-2)$$

式中　S_a——空气中距离，m，下同；

　　　R_i——避雷针的冲击接地电阻，Ω，下同；

　　　h——避雷针校验点的高度，m。

独立避雷针的接地装置与发电厂或变电站接地网间的地中距离，应符合式（5－3）的要求：

$$S_e \geqslant 0.3R_i \qquad (5-3)$$

式中　S_e——地中距离。

避雷线与配电装置带电部分、发电厂和变电站电气设备接地部分以及架构接地部分间的空气中距离，应符合以下要求：

对一端绝缘另一端接地的避雷线：

$$S_a \geqslant 0.2R_i + 0.1(h+\Delta l) \qquad (5-4)$$

式中　h——避雷线支柱的高度；

　　　Δl——避雷线上校验的雷击点与接地支柱的距离。

对两端接地的避雷线：

$$S_a \geqslant \beta[0.2R_i + 0.1(h+\Delta l)] \qquad (5-5)$$

式中　β——避雷线分流系数，下同；

　　　Δl——避雷线上校验的雷击点与最近支柱间的距离。

避雷线的接地装置与发电厂或变电站接地网间的地中距离，应符合下列要求：

对一端绝缘另一端接地的避雷线，应按式（5－6）校验。对两端接地的避雷线应按式（5－7）校验：

$$S_e \geqslant 0.3R_i \qquad (5-6)$$
$$S_e \geqslant 0.3\beta R_i \qquad (5-7)$$

除上述要求外，对避雷针和避雷线，S_a 不宜小于 5m，S_e 不宜小于 3m。

装有避雷针和避雷线的架构上的照明灯电源线，均必须采用直接埋入地下的带金属外皮的电缆或穿入金属管的导线。电缆外皮或金属管埋地长度在 10m 以上，才允许与 35kV 及以下配电装置的接地网及低压配电装置相连接。

当采用全户内布置，所有电气设备均布置在户内，只需在建筑顶部设置的避雷带对全站进行防直击雷保护。该避雷带的网络为 $8\sim10m$，每隔 $10\sim20m$ 设引下线接地。上述接地引下线应与主接地网连接，并在连接处加装集中接地装置。

变电站避雷器的接地导体应与接地网连接，且应在连接处设置集中接地装置。

已在相邻高建筑物保护范围内的建筑物或设备，可不装设直击雷保护装置。屋顶上的设备金属外壳、电缆金属外皮和建筑物金属构件均应接地。

5.2.6.2　站内接地

有效接地和低电阻接地系统中发电厂、变电站电气装置保护接地的接地电阻一般情况下应符合式（5－8）要求：

$$R \leqslant 2000/I_G \qquad (5-8)$$

式中　R——考虑到季节变化的最大接地电阻；

　　　I_G——计算用经接地网入地的最大接地故障不对称电流有效值。

人工接地网的外缘应闭合，外缘各角应做成圆弧形，圆弧的半径不宜小于均压带间距的一半。接地网内应敷设水平均压带。接地网埋深不宜小于 0.8m。接地网均压带可采用等间距或不等间距布置，两根均压带之间间距不宜大于 10m。

变电站接地网边缘经常有人出入的走道处，应铺设砾石、沥青路面或在地下装设两条与接地网相连的均压带。

变电站的接地装置应与线路的避雷线相连，且有便于分开的连接点。

变电站电气装置中下列部位应采用专门敷设的接地线接地：

（1）110kV 及以上钢筋混凝土构件支座上电气设备的金属外壳。

（2）箱式变电站的金属箱体。

（3）直接接地的变压器中性点。

（4）变压器、高压并联电抗器中性点所接消弧线圈、接地电抗器、电阻器或变压器等的接地端子。

（5）GIS 的接地端子。

（6）避雷器，避雷针、线等的接地端。

当人工接地网局部地带的接触电位差、跨步电位差超过规定值，可采取局部增设水平均压带或垂直接地极、铺设砾石地面或沥青地面的措施。

在有效接地系统及低电阻接地系统中，变电站电气装置中电气设备接地线的截面应按接地短路电流进行热稳定校验。钢接地线的短时温度不应超过400℃，铜接地线不应超过 450℃。校验不接地、消弧线圈接地和高电阻接地系统中电气设备接地线的热稳定时，敷设在地上的接地线长时间温度不应大于150℃，敷设在地下的接地线长时间温度不应大于100℃。

根据热稳定条件，未考虑腐蚀时，接地线的最小截面应符合式（5-9）要求：

$$S_\mathrm{g} \geqslant \frac{I_\mathrm{g}}{C_\mathrm{g}} \times \sqrt{t_\mathrm{e}} \qquad (5-9)$$

式中　S_g——接地线的最小截面积，mm^2；

　　　I_g——流过接地线的短路电流稳定值，A；

　　　t_e——短路的等效持续时间，S；

　　　C_g——接地线材料的热稳定系数。

关于 t_e 值，当继电保护装置配置有两套速动主保护、近接地后备保护、断路器失灵保护和自动重合闸时，t_e 应按式（5-10）取值：

$$t_\mathrm{e} \geqslant t_\mathrm{m} + t_\mathrm{f} + t_0 \qquad (5-10)$$

式中　t_m——主保护动作时间，s；

　　　t_f——断路器失灵保护动作时间，s；

　　　t_0——断路器开断时间，s。

当继电保护装置配有一套速动主保护，近或远（或远近结合的）后备保护和自动重合闸，t_e 应按式（5-11）取值：

$$t_\mathrm{e} \geqslant t_0 + t_\mathrm{r} \qquad (5-11)$$

式中　t_r——第一级后备保护的动作时间，s。

5.2.7 照明

5.2.7.1 照明种类

变电站的照明种类可分为正常照明、应急照明。应急照明包括备用照明和疏散照明。

户外配电装置考虑设置正常照明，不设应急照明。场区道路照明根据实际需要设置。

户内配电装置和其他房间除设置正常照明外，根据需要设置应急照明。

智能变电站应装设应急照明的场所可参照表5-4。无人值班变电站应尽量简化备用照明配置。

表 5-4　　　　智能变电站装设应急照明的工作场所

工作场所	备用照明	疏散照明
二次设备室	√	√
屋内配电装置	√	√
蓄电池室	√	√
主要通道、主要出入口		√
主要楼梯间		√

5.2.7.2 计算项目及其深度要求

计算项目包括照度计算、照明配电计算、照明导体选择计算，根据照度计算结果布置灯具，统计计算回路工作电流，选择各回路开关、保护设备参数、规格，选择电缆、导线截面。

5.2.7.3 照明标准值

按照《火力发电厂和变电站照明设计技术规定》（DL/T 5390），屋内、外的照明标准见表5-5和表5-6。

表 5-5　　　　　　　屋外照明标准值

名称	参考平面及其高度	照度标准值（lx）	UGR	Ra	备注
屋外成套配电装置（GIS）	地面	20	—	—	
屋外配电装置变压器气体继电器、油位指示器、隔离开关断口部分、断路器的排气指示器	作业面	20	—	—	
变压器和断路器的引出线、电缆头、避雷器、隔离开关和断路器的操动机构、断路器的操作箱	作业面	20	—	—	
主干道	地面	10	—	20	
次干道	地面	5	—	20	

表 5-6		屋内照明标准值			
房间名称	参考平面及其高度	照度标准值（lx）	UGR	Ra	备注
主控室	0.75m 水平面	500	19	80	
继电器室	0.75m 水平面	300	22	80	
高、低压厂用配电装置室	地面	200	—	80	
6~110kV 屋内配电装置室	地面	200	—	80	
变压器室	地面	100	—	60	
蓄电池室	地面	100	—	60	
电缆隧道	地面	15	—	60	
工具库	地面	100	—	60	
楼梯间	地面	30	—	60	

5.2.7.4 供电系统

正常工作照明采用 380/220V 三相五线制，由站用电源供电。动力系统采用三相五线制。动力回路应与照明回路分开。

当馈电回路与站内智能辅助控制系统联动时，应示意其联动控制回路。

5.2.7.5 照明和动力设备选择

户外配电装置场地宜采用节能型投光灯。

户内 GIS 配电装置室、主变压器室采用节能型泛光灯；其他室内照明光源宜采用 LED 灯。蓄电池室采用防爆灯具，若采用阀控式铅酸密封蓄电池时可不设防爆灯具（空调）。隧道照明采用 24V 电压灯具，卫生间采用防潮灯具。

5.2.7.6 照明开关、插座的选择和安装

（1）照明开关宜安装在便于操作的出入口，或经常有人工作的地方。

（2）照明开关的安装高度为 1.3m，插座安装高度 0.5m，厨房卫生间插座底边距地高度为 0.7~0.8m。

（3）开关和插座的选择原则。

1）不同电压等级的插座，其插孔形状应有所区别。

2）二次设备间和附属房间等，宜选用两级加三极联体插座。插座额定电压应为 250V，电流不小于 10A。

3）卫生间应选用防水防尘型。

4）开关上下级应有配合系数，不小于 1.6~2.0 倍。

（4）插座的布置原则。

1）插座布置不宜太分散，应成组装设在需要的地方。

2）控制室和一般室内插座宜布置在靠近窗口和门口附近的墙上，每间不少于两只，宜采用暗装。

3）蓄电池室不应装设插座。

5.2.7.7 布置和安装工艺

屋外灯具采用集中布置、分散布置、集中与分散相结合的布置方式，推荐采用分散布置。考虑到维护方便，不推荐在构架和避雷针高处安装；当采用构架上安装时，要保证安全距离和安全检修条件。低处布置的投光灯，宜具有水平旋转和垂直旋转的支架。

室内灯具布置可采用均匀布置和选择性布置两种方式。

灯具、插座布置和安装工艺应符合《国家电网公司输变电工程标准工艺（三）工艺标准库（2016 年版）》中建筑电气部分的相关要求，并应在图纸中注明需采用的标准工艺。

5.2.8 电缆敷设及防火

5.2.8.1 电缆选型

线缆选择及敷设按照《电力工程电缆设计规范》（GB 50217）进行，并需符合《火力发电厂与变电站设计防火规范》（GB 50229）、《电力设备典型消防规范》（DL 5027）有关防火要求。

交流系统中电力电缆导体的相间额定电压，不得低于使用回路的工作线电压。中性点直接接地或经低电阻接地的系统，接地保护动作不超过 1min 切除故障时，不应低于 100% 的使用回路工作相电压。除上述供电系统外，其他系统不宜低于 133% 的使用回路工作相电压；在单相接地故障可能持续 8h 以上，或发电机回路等安全性要求较高时，宜采用 173% 的使用回路工作相电压。

变电站线缆选择宜视条件采用单端或双端预制型式。高压电气设备本体汇控柜或智控柜之间宜采用标准预制电缆连接。

变电站火灾自动报警系统的供电线路、消防联动控制线路应采用耐火铜电线电缆。其余线缆采用阻燃电缆，阻燃等级不低于 C 级，电缆宜选用铜导体。

低压电缆宜选用交联聚乙烯型或聚氯乙烯型挤塑绝缘类型，中压电缆宜选用交联聚乙烯绝缘类型。明确需要与环境保护协调时，不得选用聚氯乙烯绝缘电缆。高压交流系统中电缆线路，宜选用交联聚乙烯绝缘类型。

60℃以上高温场所应按经受高温及其持续时间和绝缘类型要求，选用耐热

聚氯乙烯、交联聚乙烯或乙丙橡皮绝缘等耐热型电缆。高温场所不宜选用普通聚氯乙烯绝缘电缆。

−15℃以下低温环境，应按低温条件和绝缘类型要求，选用交联聚乙烯、聚乙烯绝缘、耐寒橡皮绝缘电缆。低温环境不宜选用聚氯乙烯绝缘电缆。在人员密集的公共设施以及有低毒阻燃性防火要求的场所，可选用交联聚乙烯或乙丙橡皮等不含卤素的绝缘电缆。防火有低毒性要求时，不宜选用聚氯乙烯电缆。

电力电缆导体截面的选择，应符合下列规定：

（1）最大工作电流作用下的电缆导体温度，不得超过电缆使用寿命的允许值。持续工作回路的电缆导体工作温度，应符合表5−7的规定。

（2）最大短路电流和短路时间作用下的电缆导体温度，应符合表5−7的规定。

（3）最大工作电流作用下连接回路的电压降，不得超过该回路允许值。

（4）10kV及以下电力电缆截面除应符合上述（1）～（3）项的要求外，尚宜按电缆的初始投资与使用寿命期间的运行费用综合经济的原则选择。

（5）多芯电力电缆导体最小截面，不宜小于2.5mm²。

（6）对非熔断器保护回路，应按满足短路热稳定条件确定电缆导体允许最小截面。

表5−7　　　　常用电力电缆导体的最高允许温度

电　缆			最高允许温度（℃）	
绝缘类别	型式特征	电压（kV）	持续工作	短路暂态
聚氯乙烯	普通	≤6	70	160
交联聚乙烯	普通	≤500	90	250
自容式充油	普通牛皮纸	≤500	80	160

5.2.8.2　电/光缆敷设通道

（1）当采用GIS配电装置时，沿汇控柜平行布置一条电缆通道。

（2）二次设备室位于建筑一层，无电缆层时可采用电缆沟作为屏柜电缆进出通道；若二次设备室位于建筑二层及以上，采用架空活动地板层作为电缆通道，电缆或光缆数量较多时，还可视情况选择带电缆小支架的活动地板托架，以便于电缆规划路由和绑扎。

5.2.8.3　敷设方式

（1）光缆敷设采用槽盒敷设方式。

（2）根据电缆和光缆敷设的特点，工程中应在核算敷设断面电缆、光缆数量的基础上，按实际需求设计电缆通道截面。

（3）在电缆（光缆）敷设时需考虑其转弯半径的要求。

1）对于常用于地上变电站的聚氯乙烯绝缘电缆来说（包括单芯及多芯），裸铅包护套的电缆其转弯半径应为其外径的15倍，加铠装的电缆其转弯半径应为其外径的15倍；单芯的电缆其转弯半径应为其外径的20倍。

2）光缆转弯半径应大于其自身直径的20倍。

（4）在满足电缆（光缆）敷设容量要求的前提下，永久性建筑之间主通道宜采用小型清水混凝土电缆沟。

（5）在满足电缆（光缆）敷设容量要求的前提下，配电装置场地主通道宜采用地面金属桥架，金属桥架需根据工程环境条件满足防火和耐腐蚀等要求。

（6）在满足电缆（光缆）敷设容量要求的前提下，GIS室内电缆沟通道宜采用光缆槽盒，光缆槽盒需根据工程环境条件满足防火和耐腐蚀等要求。

（7）光缆在垂直敷设时，应特别注意光缆的承重问题，一般每两层要将光缆固定一次；光缆穿墙或穿楼层时，要加带护口的保护用塑料管，并且要用阻燃的填充物将管子填埋；在站内也可以预先敷设定量的塑料管道，待以后要敷设光缆时再用牵引或真空法布放电缆。

（8）同一通道内电缆数量较多时，若在同一侧的多层支架上敷设，应符合下列规定：

1）二次缆沟内敷设电缆时，动力回路电缆、控制回路电缆、光缆应分层敷设。动力回路电缆位于上层，动力回路电缆敷设在防火槽盒内；控制回路电缆位于中层；光缆位于底层，敷设在防火槽盒内。

2）支架层数受通道空间限制时，35kV及以下的相邻电压等级的高压电力电缆可排列于同一层支架上；1kV及以下电缆也可与强电控制和信号电缆配置在同一层支架上。

3）同一重要回路的工作电缆与备用电缆实行耐火分隔时，应配置在不同层的支架上。

（9）同一层支架上电缆排列的配置，应符合下列规定：

1）控制和信号电缆可紧靠或多层重叠。

2）除交流系统用单芯电力电缆的同一回路可采取品字型（三叶型）配置外，对重要的同一回路多根电力电缆，不宜重叠。

3）除交流系统用单芯电缆情况外，电力电缆相互间宜有1倍电缆外径的空隙。

（10）电缆直埋敷设方式的选择，应符合下列规定：

1）同一通路少于 6 根的 35kV 及以下电力电缆，在站内通往远距离辅助设施等不易经常性开挖的地段，宜采用直埋。

2）站内地下管网较多的地段，可能有熔化金属、高温液体溢出的场所，不宜采用直埋。

3）在化学腐蚀或杂散电流腐蚀的土壤范围内，不得采用直埋。

（11）抑制电气干扰强度的弱电回路控制和信号电缆，敷设时可采取下列措施：

1）与电力电缆并行敷设时相互间距，在可能范围内宜远离；对电压高、电流大的电力电缆间距宜更远。

2）敷设于配电装置内的控制和信号电缆，与耦合电容器或电容式电压互感、避雷器或避雷针接地处的距离，宜在可能范围内远离。

3）沿控制和信号电缆可平行敷设屏蔽线，也可将电缆敷设于钢制管或盒中。

（12）电缆若敷设在保护管内时需要注意的问题：

1）电缆保护管内壁应光滑无毛刺，其选择，应满足使用条件所需的机械强度和耐久性，且应符合下列规定：① 需采用穿管抑制对控制电缆的电气干扰时，应采用钢管。② 交流单芯电缆以单根穿管时，不得采用未分隔磁路的钢管。

2）部分和全部露出在空气中的电缆保护管的选择，应符合下列规定：① 防火或机械性要求高的场所，宜采用钢质管，并应采取涂漆或镀锌包塑等适合环境耐久要求的防腐处理。② 满足工程条件自熄性要求时，可采用阻燃型塑料管。部分埋入混凝土中等有耐冲击的使用场所，塑料管应具备相应承压能力，且宜采用可挠性的塑料管。

3）地中埋设的保护管，应满足埋深下的抗压和耐环境腐蚀性的要求；管枕配置跨距，宜按管路底部未均匀夯实时满足抗弯矩条件确定；在通过不均匀沉降的回填土地段或地震活动频发地区，管路纵向连接应采用可挠式管接头。同一通道的电缆数量较多时，宜采用排管。

4）保护管管径与穿过电缆数量的选择，应符合下列规定：① 每管宜只穿 1 根电缆。除发电厂、变电站等重要性场所外，对一台电动机所有回路或同一设备的低压电动机所有回路，可在每管合穿不多于 3 根电力电缆或多根控制电缆。② 管的内径，不宜小于电缆外径或多根电缆包络外径的 1.5 倍。排管的管孔内径，不宜小于 75mm。

5）单根保护管使用时，宜符合下列规定：① 每根电缆保护管的弯头不宜超过 3 个，直角弯不宜超过 2 个。② 地下埋管距地面深度不宜小于 0.5m；与铁路交叉处距路基不宜小于 1.0m；距排水沟底不宜小于 0.3m。③ 并列管相互间宜留有不小于 20mm 的空隙。

6）使用排管时，应符合下列规定：① 管孔数宜按发展预留适当备用。② 导体工作温度相差大的电缆，宜分别配置于适当间距的不同排管组。③ 管路顶部土壤覆盖厚度不宜小于 0.5m。④ 管路应置于经整平夯实土层且有足以保持连续平直的垫块上，纵向排水坡度不宜小于 0.2%。⑤ 管路纵向连接处的弯曲度，应符合牵引电缆时不致损伤的要求。⑥ 管孔端口应采取防止损伤电缆的处理措施。

5.2.8.4　电缆孔、洞的封堵

（1）盘柜类封堵。低压柜柜底用耐火隔板、无机堵料及有机堵料组合封堵，封堵厚度与楼板相同。

（2）电缆穿侧墙类封堵。

1）建筑物侧墙一次电缆留孔用耐火隔板、防火包（阻火模块）或者无机堵料、有机堵料组合封堵，封堵厚度与墙相同。

2）电缆桥架贯穿内墙孔封堵用耐火隔板、无机堵料、有机堵料组合封堵，封堵厚度与墙相同。

3）电缆桥架贯穿接外墙孔封堵用耐火隔板、无机堵料、有机堵料组合封堵，封堵厚度与墙相同。

（3）电缆穿管类封堵。电缆穿管孔洞用有机堵料封堵。封堵厚度大于 50mm。

（4）端子箱类封堵端子箱。用有机堵料封堵，封堵厚度大于 120mm。

（5）电缆竖井封堵。电缆竖井用角钢，耐火隔板、防火包、有机堵料组合封堵，封堵厚度与楼板相同。

（6）电缆穿楼板孔洞封堵。

1）楼板预留孔洞用角钢，耐火隔板、扎花钢板及防火包组合封堵，封堵厚度与楼板厚度相同。

2）一次电缆穿楼板孔洞用耐火隔板、防火包、无机堵料及有机堵料组合封堵，封堵厚度与楼板相同；当孔洞较大时，用角钢加固。

3）二次电缆穿楼板孔洞用耐火隔板、无机堵料及有机堵料组合封堵，封堵厚度与楼板相同。

（7）电缆沟封堵。电缆沟用耐火隔板、有机堵料及防火包组合封堵，封堵厚度为 240mm。电缆桥架贯穿接墙孔封堵用耐火隔板、无机堵料、有机堵料组合封堵，封堵厚度与墙相同。

（8）各设备房间电缆入口，进入设备的孔洞以及电缆沟的接口处，穿过各层楼板的竖井口。

（9）消防封堵只起防火作用，不考虑承重。所采用的防火材料对设备无腐蚀作用。

（10）电缆隧道封堵，宜在以下部位设置防火墙。

1）在公共主沟分支处。

2）多段配电装置对应的沟道适当分段处。

3）长距离沟道中相隔约 60m 或通风区段处。

4）至二次设备室或配电装置的沟道入口、厂区围墙处。

防火墙顶部有机堵料填平整，并加盖防火板；底部必须留有排水孔洞；阻火墙两侧不小于 1.5m 范围内电缆应涂刷防火涂料，厚度为（1±0.1）mm。

5.3 二次系统

5.3.1 二次设备室及屏（柜）布置

5.3.1.1 二次设备室的布置

（1）二次设备室应符合《计算机场地通用规范》（GB/T 2887）、《计算机场地安全要求》（GB/T 9361）的规定，应尽可能避开强电磁场、强振动源和强噪声源的干扰，还应考虑防尘、防潮、防噪声，并符合防火标准。二次设备室内宜采用电缆沟。二次设备舱应采用防静电地板。

（2）二次设备室（舱）的布置要有利于防火和有利于紧急事故时人员的安全疏散，其净空高度应满足屏柜的安装要求。Ⅱ型预制舱应分别在长边设置 1 个舱门，开门尺寸为 2350mm×900mm（高×宽），满足设备搬运要求。

（3）二次设备柜采用集中布置时，备用柜数宜按终期规模的 10%～15% 考虑；采用预制舱式二次组合设备时，备用柜数宜按 2～3 面考虑。

（4）二次设备室的屏间距离和通道宽度，要考虑运行维护及控制、保护装置调试方便。二次设备室屏间距离和通道宽度要求详见表 5-8。

表 5-8　　　　　　二次设备室的屏间距离和通道宽度

距离名称	采用尺寸（mm）	
	一般	最小
屏正面至屏正面	1800	1400*
屏正面至屏背面	1500	1200
屏背面至屏背面	1000	800**
屏正面至墙	1500	1200
屏背面至墙	1200	800**
边屏至墙	1200	800
主要通道	1600～2000	1400

注　1. 复杂保护或继电器凸出屏面时，不宜采用最小尺寸。

　　2. 直流屏、事故照明屏等动力屏的背面间距不宜小于 800mm。

　　3. 屏背面至屏背面之间的距离，当屏背面地坪上设有电缆沟盖板时，可适当放大。

　*　预制舱内二次设备应采用前前接线、前显示式装置，屏柜采用双列靠墙布置，屏正面开门，屏后面不开门。两列屏之间的距离不应小于 1200mm。

　**　当二次设备室内二次设备采用前接线、前显示式装置时，屏柜可采用靠墙布置或背靠背布置，屏正面开门，屏后面不开门。当采用背靠背布置时，屏柜背部之间距离不小于 200mm。

（5）预制舱内的远期屏柜宜在本期安装好空屏柜，并预留好相关布线。永久性备用的屏位宜布置在靠近舱门的位置，并敷设盖板。

5.3.1.2 二次屏（柜）的选择及安装

（1）室（舱）内屏（柜）的选择。

1）屏（柜）的尺寸。二次设备室（舱）内柜体尺寸应统一。间隔层二次设备、通信设备及直流设备等二次设备靠墙布置采用前接线前显示设备时，屏柜宜采用 2260mm×800mm×600mm（高×宽×深，高度中包含 60mm 眉头）；设备不靠墙布置采用后接线设备时，屏柜宜采用 2260mm×600mm×600mm（高×宽×深，高度中包含 60mm 眉头）。站控层服务器柜可采用 2260mm×600mm×900mm（高×宽×深，高度中包含 60mm 眉头）屏柜。

2）屏（柜）的结构。设备不靠墙布置采用后接线设备时，屏（柜）前后开门；设备靠墙布置采用前接线前显示设备时，屏（柜）前开门。屏（柜）应采用垂直自立、柜门内嵌式的柜式结构，前门宜为玻璃门（不包括通信设备屏柜），正视屏（柜）体转轴在右边，门把手在左边。预制舱内的屏柜可采用与预制舱一体化制造的机架式结构。

3） 屏（柜）的颜色。全站二次系统设备屏（柜）体颜色应统一。

4） 前开门屏（柜）内的布置。

a. 站内所有前接线前显示式装置的安装固定点及装置前面板（液晶面板）位置应统一，保证整体美观且便于装置安装、拆除及现场布线。

b. 装置布置于在柜体中间（面对屏柜），装置前面板采用右轴旋转或向上打开方式，竖走线槽布置在柜体左侧，横走线槽置于装置下部。

c. 装置安装固定点与装置前面板距离宜为 130mm，安装固定点至装置后部距离应不大于 350mm，装置前面板宽度宜为 447mm，装置前面板与柜门面距离宜为 85mm。

d. 竖向线槽宽度不应小于 100mm，并满足光纤弯曲半径的要求。竖向线槽深度应考虑柜内走线的数量，以满足柜体内所有走线要求。走线槽等均采用金属专用盖板（材质与柜体面板材质一致）封装，并方便拆装。

e. 端子排统一设置在柜体下部，并采用横端子排布置方式。

（2） 预制式智能控制柜的选择。

1） 柜的结构。柜结构为柜前后开门、垂直自立、柜门内嵌式的柜式结构，正视柜体转轴在右边，门把手在左边。

2） 柜的颜色。全站预制式智能控制柜柜体颜色应统一。

3） 柜的要求。

a. 宜采用双层不锈钢结构，内层密闭，夹层通风；当采用户外布置时，柜体的防护等级至少应达到 IP55。

b. 宜具有散热和加热除湿装置，在温湿度传感器达到预设条件时启动。柜内温湿度宜宜由本间隔测控装置进行监视。

c. 应根据具体外部环境的条件选择合适的柜体。预制式智能控制柜内部的环境应能够满足保护、测控、智能终端、合并单元等二次元件的长年正常工作温度、电磁干扰、防水防尘条件，不影响其运行寿命。

（3） 屏柜的安装。

采用前开门屏（柜）时，宜在屏（柜）底部中间开孔，开孔尺寸为 300mm×200mm；采用前后开门屏（柜）时，宜在屏（柜）底部两侧开孔，开孔尺寸为 300mm×150mm。

5.3.2 二次回路设计

5.3.2.1 二次回路的基本要求

（1） 变电站的强电控制系统电源额定电压选用 220V。

（2） 断路器的控制回路应满足下列要求：① 应有电源监视，并宜监视跳、合闸绕组回路的完整性；② 有防止断路器"跳跃"的电气闭锁装置；③ 应使用断路器机构内的防跳回路。

（3） 断路器控制电源消失及控制回路断线应发出报警信号。

（4） 在计算机监控系统控制的 110kV 断路器、隔离开关、接地开关的状态量信号应同时接入开、闭两个状态信号。

（5） 继电保护及自动装置的动作等信号应通过站控层网络直接接入站控层主机，装置告警、故障信号应通过硬接点接入计算机监控系统。

（6） 测量回路的电流回路额定电流可选 1A 或 5A；电压回路宜为 100V。

5.3.2.2 二次"虚回路"的基本要求

（1） 根据保护原理及自动化方案，应绘制 SV 信息流图及 GOOSE 信息流图，表达设备间逻辑关系。SV 信息流图反映设备间电流电压数据流的连接，GOOSE 信息流图反映设备控制原理和信号传输要求等内容。

（2） 以 SV/GOOSE 信息流图为基础，根据 IED 制造厂商提供的具体设备虚端子图（表）及原理接线图，绘制 SV/GOOSE 信息配置信息及光缆回路。

（3） SV/GOOSE 信息流图应包含信息传输回路图。信息传输回路图表示 SV 和 GOOSE 信息的实际传输路径，包括中间环节交换机。同时信息流中应包括保护原理和控制、信号、闭锁等信息。

（4） SV/GOOSE 信息逻辑配置应包含模拟量开入、开关量开入、开关量开出的分类，将智能设备之间的虚端子通过直观的形式连接起来。信息逻辑配置应包含信息内容、起点设备名称、起点设备虚端子号、起点设备数据属性、终点设备名称、终点设备虚端子号、终点设备数据属性。

5.3.3 二次网络设计

5.3.3.1 站控层网络

（1） 可传输 MMS 报文和 GOOSE 报文。

（2） 站控层网络采用双星形以太网络，站控层交换机可按二次设备室（舱）或按电压等级配置交换机，并相互级联。

（3） 站控层/间隔层 MMS 信息应在站控层网络传输。站控层/间隔层 MMS 信息应具备间隔层设备支持的全部功能，其内容应包含"四遥"信息及故障录波报告信息，"四遥"信息主要包含保护、测控、故障录波装置的模拟量、设备参数、定值区号及定值、自检信息、保护动作事件及参数、设备告警、软压板遥控、断路器/隔离开关遥控、远方复归、同期控制等。

（4）站控层/间隔层 GOOSE 信息可在站控层网络传输。主要用于间隔层设备间通信，其内容可包含主变压器过负荷联切、低频低压减负荷、35（10）kV 保测一体装置 GOOSE 信息、测控联闭锁信息等。

5.3.3.2 过程层网络

（1）110kV 间隔层设备与过程层设备之间宜采用点对点方式传输 GOOSE、SV 报文。当全站配置有故障录波、母差保护或备用电源自动投入装置时，110kV 过程层可设置单星形以太网络，GOOSE 报文与 SV 报文共网传输。过程层宜集中设置过程层交换机。

（2）10kV 不宜单独设置过程层网络，当 110kV 过程层设置单星形以太网络时，主变压器 10kV 过程层设备宜接入 110kV 过程层网络。GOOSE 报文通过站控层网络传输。

（3）过程层 SV 信息主要用于过程层设备与间隔层设备间通信，其内容应包含合并单元与保护测控集成装置、故障录波、PMU、电能表等装置间传输的电流、电压采样值信息。

（4）过程层 GOOSE 信息主要用于过程层设备与间隔层设备间通信，其内容应包含合并单元、智能终端与保护、测控、故障录波等装置间传输的一次设备本体位置/告警信息、合并单元/智能终端自检信息、保护跳闸/重合闸信息、测控遥控合闸/分闸信息以及保护失灵启动和保护联闭锁信息等。

5.3.4 二次设备的选择及配置

5.3.4.1 控制保护设备

控制开关的选择应符合该二次回路额定电压、额定电流、分断电流、操作频繁率、电寿命和控制接线等的要求。

二次回路的保护设备用于切除二次回路的短路故障，并作为回路检修、调试时断开交、直流电源之用。二次电源回路宜采用自动开关。

对具有双套配置的快速主保护和断路器具有双跳闸线圈的安装单位，其控制回路和继电保护、自动装置回路应分设独立的自动开关，并分别向双套主保护供电。

控制回路、继电保护、自动装置屏内电源消失时应有报警信号。

凡两个及以上安装单位公用的保护或自动装置的供电回路，应装设专用的自动开关。

5.3.4.2 小母线

控制屏及保护屏顶不宜设置小母线。10kV 开关柜顶宜设置小母线，小母线宜采用 ϕ6mm 的绝缘铜棒。

5.3.4.3 端子排

端子排应由阻燃材料构成。端子的导电部分应为铜质。潮湿地区宜采用防潮端子。

每个安装单位应有其独立的端子排。同一屏上有几个安装单位时，各安装单位端子排的排列应与屏面布置相配合。

当一个安装单位的端子过多或一个屏上仅有一个安装单位时，可将端子排成组地布置在屏的两侧。

每一安装单位的端子排应编有顺序号，并宜在最后留 2～5 端子作为备用。当条件许可时，各组端子排之间也宜留 1～2 个备用端子。在端子排组两端应有终端端子。

正、负电源之间以及经常带电的正电源与合闸或跳闸回路之间的端子排，应以一个空端子隔开。

5.3.4.4 虚端子

GOOSE、SV 输入/输出信号为网络上传递的变量，与传统屏柜的端子存在着对应的关系，为了便于形象地理解和应用 GOOSE、SV 信号，这些信号的逻辑连接点称为虚端子。

装置 GOOSE 输入定义采用虚端子的概念，在以"GOIN"为前缀的 GGIO 逻辑节点实例中定义 DO 信号，DO 信号与 GOOSE 外部输入虚端子一一对应，通过该 GGIO 中 DO 的描述和 dU 可以确切描述该信号的含义。

在 SCD 文件中每个装置的 LLN0 逻辑节点中的 Inputs 部分定义了该装置输入的 GOOSE 连线，每一个 GOOSE 连线包含了装置内部输入虚端子信号和外部装置的输出信号信息，虚端子与每个外部输出信号为一一对应关系。

装置采样值输入定义采用虚端子的概念，在以"SVIN"为前缀的 GGIO 逻辑节点实例中定义 DO 信号，DO 信号与采样值外部输入虚端子一一对应，通过该 GGIO 中 DO 的描述和 dU 可以确切描述该信号的含义，作为采样值连线的依据。

在 SCD 文件中每个装置的 LLN0 逻辑节点中的 Inputs 部分定义了该装置输入的采样值连线，每一个采样值连线包含了装置内部输入虚端子信号和外部装置的输出信号信息，虚端子与每个外部输出采样值为一一对应关系。Extref 中的 IntAddr 描述了内部输入采样值的引用地址，应填写与之相对应的以"SVIN"为前缀的 GGIO 中 DO 信号的引用名，引用地址的格式为"LD/LN.DO"。

5.3.4.5 预制舱内布线及外部光电缆接口

（1）预制舱内应设置配电箱、开关面板、插座等，舱内所有线缆均应采用暗敷方式。

（2）电缆宜直接从舱内各柜体直接引至舱外。

（3）舱内宜采用下走线方式，舱底部设置槽盒，不设置槽盒盖。

（4）舱内与舱外光纤联系应采用预制光缆。

5.3.4.6 控制电缆

（1）控制电缆的选型应符合现行的《电力工程电缆设计标准》（GB 50217）、《火力发电厂、变电站二次接线设计技术规程》（DL/T 5136）及《电测量及电能计量装置设计技术规程》（DL/T 5137）的有关规定。微机型继电保护装置及计算机测控装置所有二次回路的电缆均应使用屏蔽电缆。

（2）信号回路电缆截面积宜采用 1.5mm²，控制回路及交流电压采集回路电缆截面积宜采用 2.5mm²，电流采集回路电缆截面积宜采用 4mm²。

（3）主变压器、断路器、隔离开关、接地开关等设备本体与智能控制柜之间的控制、信号回路宜采用预制电缆连接。

（4）预制电缆的使用应遵循以下配置原则：

1）预制电缆应自带航空插头，宜采用体积小、集成密度高、防护性能高、机械性能强、稳定性好的航空插头。

2）宜实现一次设备本体与智能控制柜之间标准的输入、输出，以提高抗干扰能力、适应现场工作环境、便于施工、提高现场实施质量。

3）当一次设备本体至就地控制柜间路径满足预制电缆敷设要求时（全程无电缆穿管），优先选用双端预制电缆。应准确测算双端预制电缆长度，避免出现电缆长度不足或过长情况。预制电缆余长有足够的收纳空间。

4）当电缆采用穿管敷设时，宜采用单端预制电缆，预制端宜设置在智能控制柜侧。预制缆端采用圆形连接器且满足穿管要求时，也可采用双端预制。

5）预制电缆采用双端预制且为穿管敷设方式下，宜选用圆形高密度连接器。

6）在满足试验、调试要求前提下，预制电缆插座端宜直接引至二次装置背板端子排。

（5）预制电缆导线应采用多股软导线。预制电缆规格宜按表 5-9 推荐规格选择。

表 5-9　　　　　　　　预 制 电 缆 规 格

规格	信号回路	控制回路	交流电源回路
截面积（mm²）	1.5	2.5	4
芯数	5、8、11、16、21	4、8、12、19	4、8、12

5.3.4.7 光缆和网线

（1）光缆选择。

1）除线路纵联保护专用光纤外，其余宜采用缓变型多模光纤。

2）室内不同屏柜间二次装置连接宜采用尾缆或软装光缆。柜内二次装置间连接宜采用跳线，柜内跳线宜采用单芯或多芯跳线。

3）室外光缆可根据敷设方式采用无金属、阻燃、加强芯光缆或铠装光缆，缆芯一般采用紧套光纤。

4）光缆芯数宜选取 4 芯、8 芯、12 芯和 24 芯，每根光缆或尾缆应至少预留 2 芯备用芯，一般预留 20%备用芯。

（2）同一室（舱）内站控层网络宜采用网线连接；跨室（舱）或数据级联时站控层网络宜采用光缆连接。

（3）双套保护的电流、电压以及 GOOSE 跳闸控制回路等需要增强可靠性的两套系统，应采用各自独立的光缆。

（4）光缆起点、终点为同一对象的多个相关装置时（在同一智能控制柜内对应一套继电保护的多个装置），可合用同一根光缆进行连接，一根光缆的芯数不宜超过 24 芯。

（5）跨房间、跨场地不同屏柜间二次装置连接宜采用预制光缆。

（6）预制光缆的使用应遵循以下配置原则：

1）预制光缆应自带连接器，宜采用体积小、集成密度高、防护性能高、机械性能强、稳定性好的带分支的连接器。

2）为了保证光缆的可靠性和使用寿命，应采用密封性能良好和便于接续的光缆接头，宜采用标准化的光纤接口、熔接或插接工艺，可以根据需要适当选用无需现场熔接的预制光缆组件。

3）室外预制光缆可采用双端预制方式，也可采用单端预制方式。

4）双端预制光缆应准确测算预制光缆敷设长度，避免出现光缆长度不足或过长情况。可利用柜体底部或特制槽盒两种方式进行光缆余长收纳。

（7）应根据室外光缆、尾缆、跳线不同的性能指标、布线要求预先规划合理的柜内布线方案，有效利用线缆收纳设备，合理收纳线缆余长及备用芯，满足柜内布线整洁美观、柜内布线分区清楚、线缆标识明晰的要求，便于运行维护。

5.3.5 一体化电源

5.3.5.1 系统组成及功能要求

站用交直流一体化电源系统由站用交流电源、直流电源、交流不间断电源、逆变电源、直流变换电源（DC/DC）等装置组成，并统一监视控制，共享直流电源的蓄电池组。

系统应具有监视交流电源进线开关、交流电源母线分段开关、直流电源交流进线开关、充电装置输出开关、蓄电池组输出保护电器、直流母线分段开关、交流不间断电源输入开关、直流变换电源输入开关等状态的功能，上述开关宜选择智能型断路器，具备远方控制及通信功能。系统应具有控制交流电源切换、充电装置充电方式转换及上述开关投切等功能。

系统应具有监视站用交流电源、直流电源、蓄电池组、交流不间断电源、逆变电源、直流变换电源等设备运行参数的功能。

5.3.5.2 直流系统

操作电源额定电压采用220V，通信电源额定电压-48V。

蓄电池容量选择应满足全站电气负荷按2h事故放电时间计算，通信负荷按2h事故放电时间计算。

在进行蓄电池容量选择时，直流负荷统计计算时间和直流负荷统计负荷系数选取应分别按照表5-10和表5-11执行。

表5-10　直流负荷统计计算时间

序号	负荷名称	经常	事故放电计算时间						随机（s）
			初期（min）	持续（h）					
			1	0.5	1.0	1.5	2.0	3.0	5
1	控制、保护、监控系统	√	√	—	—	—	√	—	—
2	UPS	—	√	—	—	—	√	—	—
3	DC/DC	√	√	—	—	—	√	—	—
4	高压断路器跳闸		√						
5	高压断路器自投		√						
6	恢复供电高压断路器合闸								√
7	直流应急照明		√	—	—	—	√	—	—

表5-11　直流负荷统计负荷系数

序号	负荷名称	负荷系数	备注
1	控制、保护、继电器	0.6	
2	UPS	0.6	
3	监控系统、智能装置、智能组件	0.8	
4	DC/DC	0.8	
5	高压断路器跳闸	0.6	
6	高压断路器自投	1.0	
7	恢复供电高压断路器合闸	1.0	

注　事故初期（1min）的冲击负荷，按如下原则统计：

1. 低电压、母线保护、低频减载等跳闸回路按实际数量统计。

2. 控制、信号和保护回路等按实际负荷统计。

蓄电池的容量在300Ah及以上时应设专用的蓄电池室，采用组架安装方式布置于专用蓄电池室内。

馈线开关选用专用直流空气开关，各直流回路空气开关的额定电流应通过计算进行选择，分馈线开关与总开关额定电流级差应保证3倍及以上。

电缆截面的选择计算，根据负荷性质、负荷容量、压降要求、供电距离和电缆材质计算直流各进出线回路以及蓄电池回路的电缆截面。直流柜与直流分电柜间的电缆截面，应根据分电柜最大负荷电流选择。

蓄电池组引出线为电缆时，其正极和负极的引出线不应共用一根电缆。由直流柜和直流分电柜引出的控制、信号和保护馈线应选择铜芯电缆。

各安装单位的控制、信号电源，宜由电源屏或电源分屏的馈线以辐射状供电，供电线应设保护及监视设备。

5.3.5.3 不间断电源系统

不间断电源UPS的供电负荷包括：① 计算机监控系统；② 电能计费系统；③ 火灾报警系统；④ 系统调度调信系统。

5.3.6 时钟同步系统

配置1套公用时间同步系统，主时钟双重化配置，支持北斗系统和GPS系统单向标准授时信号，优先采用北斗系统。

站控层设备对时宜采用NTP方式，间隔层和过程层设备对时可采用IRIG-B、IEEE 1588、秒脉冲等方式，优先采用IRIG-B对时，具备条件的站可采用 IEEE 1588 方式。

5.3.7　辅助系统

（1）智能辅助控制系统包括图像监视子系统、安全警卫子系统、火灾自动报警及消防子系统、环境监测子系统等，实现图像监视及安全警卫、火灾报警、消防、照明、采暖通风、环境监测等系统的智能联动控制。

（2）图像监视子系统。功能按满足安全防范要求配置，不考虑对设备运行状态进行监视。图像监视子系统视频服务器按全站最终规模配置，并留有远方监视的接口；就地摄像头按本期建设规模配置。

（3）安全警卫子系统。功能按满足安全防范要求配置，不考虑对设备运行状态进行监视。

（4）火灾自动报警及消防子系统。火灾自动报警及消防子系统应取得当地消防部门认证。火灾探测区域应按独立房（套）间划分。火灾探测区域有二次设备室、蓄电池室可燃介质电容器室、各级电压等级配电装置室、油浸变压器及电缆竖井等。应根据所探测区域的不同，配置不同类型和原理的探测器或探测器组合。火灾报警控制器应设置在二次设备室或警卫室靠近门口处。当火灾发生时，火灾报警控制器可及时发出声光报警信号，显示发生火灾的地点。

（5）环境监测子系统。环境监测设备包括环境数据处理单元1套、温度传感器、湿度传感器、风速传感器（可选）、水浸探头（可选）、SF_6探测器等。各类型传感器根据环境测点的实际需求配置，数据处理单元布置于二次设备室，传感器安装于设备现场。

（6）预制舱辅助设施。

1）预制舱内应配置照明、消防、暖通、图像监控、通信、环境监控等设备，各设备应接入站内相应智能辅助控制子系统。

2）照明设施。舱内照明设正常照明和应急照明。应急照明电源宜引自直流分屏，也可自带蓄电池，应急时间不小于 60min。正常照明应采用嵌入式LED 灯带。各照明开关应设置于门口处，嵌入式安装，开关面板底部距地面高度为 1.3m。

3）火灾报警设施。舱内火灾探测及报警系统和消防控制设备选择执行《火灾自动报警系统设计规范》（GB 50116）规定。舱内应配置 2 个火灾报警烟感探测装置，火灾报警烟感探测装置采用吸顶布置。

4）消防设施。舱内配置 5kg 手提式灭火器 2 个，置于门口处。

5）暖通设施。正常工作状态下舱内温度宜控制在 18～25℃范围内，相对湿度为 45%～75%，任何情况下无凝露。舱内设置 2 台空调，在任一台空调故障时舱内温度应控制在 5～30℃范围内。空调应选用低噪声设备，噪声控制要求不大于 50dB。舱体应设置机械通风装置，舱内形成通风回路。

6）环境监测设施。舱内宜设置温湿度传感器，可根据需要设置水浸传感器，并将信息上传至智能辅助控制系统。

7）视频监控设施。舱内安装视频监控，设置 1～2 台旋转式摄像机。

8）其他辅助设施。舱内应设置有线电话，壁挂安装。照明箱、检修箱采用户内壁挂嵌入式安装。舱内应配置活动式或固定式折叠桌，方便生产运行。

5.3.8　二次设备接地和抗干扰

5.3.8.1　接地

（1）控制电缆的屏蔽层两端可靠接地。

（2）所有敏感电子装置的工作接地应不与安全地或保护地混接。

（3）在二次设备室、敷设二次电缆的沟道、就地端子箱及保护用结合滤波器等处，使用截面积不小于 $100mm^2$ 的裸铜排敷设与变电站主接地网紧密连接的等电位接地网。

（4）在二次设备室（舱）内，沿屏（柜）布置方向敷设截面积不小于 $100mm^2$ 的专用接地铜排，并首末端连接后构成室内等电位接地网。室（舱）内等电位接地网必须用至少 4 根以上、截面积不小于 $50mm^2$ 的铜排（缆）与变电站的主接地网可靠接地。连接点处需设置明显的二次接地标识。

（5）在二次设备室（舱）内暗敷接地干线，在离地板 300mm 处设置临时接地端子。Ⅰ 型预制舱宜设置 2 个临时接地端子；Ⅱ、Ⅲ 型预制舱宜设置 3 个临时接地端子。

（6）沿二次电缆的沟道敷设截面积不小于 $100mm^2$ 的裸铜排（缆），构建室外的等电位接地网。开关场的就地端子箱内应设置截面积不小于 $100mm^2$ 的裸铜排，并使用截面积不小于 $100mm^2$ 的铜缆与电缆沟道内的等电位接地网连接。

（7）有电联系的电压互感器二次侧的接地应仅在一个控制室或继电器室相连一点接地。为保证接地可靠，各电压互感器的中性线不得接有可能断开的断路器等。已在二次设备室一点接地的电压互感器二次绕组，宜在开关场将二次绕组中性点经放电间隙或氧化锌阀片接地。为防止造成电压二次回路多点接地的现象，应定期检查放电间隙或氧化锌阀片。

（8）公用电流互感器二次绕组二次回路只允许，且必须在相关保护屏（柜）

内一点接地。独立的、与其他电压互感器和电流互感器的二次回路没有电气联系的二次回路应在开关场一点接地。

（9）微机型继电保护装置屏（柜）内的交流供电电源的中性线不应接入等电位接地网。

5.3.8.2 防雷

必要时，在各种装置的交、直流电源输入处设电源防雷器。

5.3.8.3 抗干扰

（1）微机型继电保护装置所有二次回路的电缆均应使用屏蔽电缆。

（2）交流电流和交流电压回路、不同交流电压回路、交流和直流回路、强电和弱电回路、来自电压互感器二次的4根引入线和电压互感器开口三角绕组的两根引入线均应使用各自独立的电缆。

（3）双套配置的保护装置的跳闸回路均应使用各自独立的光（电）缆。

（4）经长电缆跳闸回路，宜采取增加出口继电器动作功率等措施，防止误动。

（5）制造部门应提高微机保护抗电磁骚扰水平和防护等级，光耦开入的动作电压应控制在额定直流电源电压的55%～70%范围以内。

（6）针对来自系统操作、故障、直流接地等异常情况，应采取有效防误动措施，防止保护装置单一元件损坏可能引起的不正确动作。

（7）所有涉及直接跳闸的重要回路，应采用动作电压在额定直流电源电压的55%～70%范围以内的中间继电器，并要求其动作功率不低于5W。

（8）遵循保护装置24V开入电源不出保护室（含主变消防装置主控制单元输入端开关量节点，如探测器信号等）的原则，以免引进干扰。

（9）经过配电装置的通信网络连线均采用光纤介质。

（10）合理规划二次电缆的敷设路径，尽可能离开高压母线、避雷器和避雷针的接地点、并联电容器、CVT、结合电容及电容式套管等设备，避免和减少迂回，缩短二次电缆的长度。

5.4 土建部分

5.4.1 站址基本条件

本方案站址基本条件按以下规定执行：海拔不大于1000m，设计基本地震加速度$0.15g$，场地类别按Ⅱ类考虑；设计基准期为50年，基本风速$V_0=27m/s$，天然地基，地基承载力特征值$f_{ak}=120kPa$。

5.4.2 站址征地

站址征地注明坐标及高程系统，并提供测量控制点坐标及高程；站址征地标注指北针及风玫瑰图；在地形图上绘出变电站围墙及进站道路的中心线、征地轮廓线及规划控制红线。变电站征（占）地面积一览表见表5—12。

表5—12 变电站征（占）地面积一览表

序号	指标名称	单位	数量	备注
1	站址总用地面积	hm²		
1.1	站区围墙内占地面积	hm²		
1.2	进站道路占地面积	hm²		
1.3	其他占地面积	hm²		
1.4	站外防、排洪设施占地面积	hm²		
1.5	站外供、排水设施占地面积	hm²		

5.4.3 总平面及竖向布置

5.4.3.1 总平面布置图

（1）总平面布置根据生产工艺、运输、防火、防爆、环境保护和施工等方面的要求，按最终规模对站区的建构筑物管线及道路进行统筹安排。

（2）总平面布置图标明进站道路、站外排水沟、挡土墙、护坡等，综合布置各种主要管沟，并标明其相对关系和尺寸。

（3）总平面布置图标明站内各建筑物、围墙、道路等建构筑物的控制点坐标，并在说明中标明建筑坐标与测量坐标间相互的换算关系。

（4）总平面布置图标注指北针。

（5）总平面布置图标明各道路的宽度及转弯半径。

（6）场地处理。本方案场地采用透水砖，且对下层地面进行处理。不设巡视小道，未设置管网等绿化设施，控制绿化造价。

（7）按《变电站总布置设计技术规程》（DL/T 5056），在总平面布置图列出表5—13主要技术经济指标一览表和表5—14站区建（构）筑物一览表。

表5—13 主要技术经济指标一览表

序号	名 称	单位	数量	备注
1	站址总用地面积	hm²		
1.1	站区围墙内用地面积	hm²		

序号	名　称	单位	数量	备注
1.2	进站道路用地面积	hm²		
1.3	站外供水设施用地面积	hm²		
1.4	站排洪水设施用地面积	hm²		
1.5	站外防（排）洪设施用地面积	hm²		
1.6	其他用地面积	hm²		
2	进站道路长度（新建/改造）	m		
3	站外供水管长度	m		
4	站外排水管长度	m		
5	站内主电缆沟长度（0.6m×0.6m以上）	m		
6	站内外挡土墙体积	m³		
7	站内外护坡面积	m²		
8	站址土（石）方量	挖方（−）	m³		
		填方（+）	m³		
8.1	站区场地平整	挖方（−）	m³		
		填方（+）	m³		
8.2	进站道路	挖方（−）	m³		
		填方（+）	m³		
8.3	建（构）筑物基槽余土	m³		
8.4	站址土方综合平衡	弃土	m³		
		取土	m³		
9	站内道路面积	m³		
10	屋外场地面积	m³		
11	总建筑面积	m³		
12	站区围墙长度	m		

注　如有软弱土或特殊地基处理方式引起的土石方量变化可调整相应项目。

表 5-14　　　站区建（构）筑物一览表

序号	项目名称	单位	数量	备注
1	配电装置室	m²		
2	消防泵房	m²		
3	消防水池	m²		
4	事故油池	m²		
5	辅助用房	m²		

注　具体建（构）筑物根据工程具体情况调整。

5.4.3.2　竖向布置

（1）竖向布置的形式综合考虑站区地形、场地及道路允许坡度、站区排水方式、土石方平衡等条件来确定，场地的地面坡度 0.5%。

（2）标出站区各建（构）筑物、道路、配电装置场地、围墙内侧及站区出入口处的设计标高，建筑物设计标高以室内地坪为±0.000。标明场地、道路及排水沟排水坡度及方向。

5.4.3.3　土（石）方平衡

根据总平面布置及竖向布置要求，采用方格网法计算土（石）方工程量，绘制场区土方图，编制土方平衡表。对土方回填或开挖的技术要求作必要说明。

5.4.4　站内外道路

5.4.4.1　站内外道路平面布置

（1）站内外道路的型式。进站道路宜采用城市型道路；站内道路采用城市型道路。

（2）站内外道路的规格。进站道路宽度为 4m，路肩宽度每边均为 0.5m；站内消防道路路面宽度为 4m，站区大门至主变压器的运输道路宽度为 4m，站内道路设置成环形道路。

变电站站内道路转弯半径：主变压器运输道路及消防道路为 9m。

5.4.4.2　进站道路

进站道路按《厂矿道路设计规范》（GBJ 22）规定的四级厂矿道路设计，采用城市型道路。

5.4.4.3　站内道路

站内道路采用城市型混凝土道路。

5.4.5 装配式建筑物建筑

5.4.5.1 建筑物布置

（1）建筑物应按无人值守运行设计，设置生产用房、辅助用房及水泵房。辅助用房设置警卫室、值班室、卫生间、备餐间。

（2）柱距、层高、跨度，模数宜按《厂房建筑模数协调标准》（GB/T 50006）执行。

柱间距建议采用 6.0～7.5m。

1）变电站配电装置室。

2）变电站主变压器室和 110kV GIS 室柱距宜采用 6.0～7.5m。110kV GIS室净高 7m；主变压器室层高 7.5m。

5.4.5.2 墙体

（1）建筑物外墙板及其接缝设计满足结构、热工、防水、防火及建筑装饰等要求，内墙板设计满足结构、隔声及防火要求。外墙板采用一体化铝镁锰复合墙板、纤维水泥复合墙板或一体化纤维水泥集成板，尺寸根据建筑外形排版设计，满足热工计算。

（2）内墙板采用纤维水泥复合墙板或轻钢龙骨石膏板。

5.4.5.3 屋面

（1）屋面板钢筋桁架楼承板，屋面设计为结构找坡或建筑找坡，结构坡度为 5%，建筑坡度不小于 3%，天沟、沿沟纵向找坡不得小于 1%。

（2）屋面采用有组织防水，防水等级采用 I 级。

5.4.5.4 装饰装修

（1）屋面和楼面顶棚可采用饰面型防火涂料；卫生间采用瓷砖墙面，卫生间设吊顶；当采用坡屋面时，宜设吊顶。

（2）变电站内房间内部装修材料应符合《建筑内部装修设计防火规范》（GB 50222）要求。

5.4.5.5 门窗

（1）门窗为规整矩形，不采用异型窗，尽量避免跨板布置。

（2）外门窗采用断桥铝合金门窗或塑钢门窗，外门窗玻璃采用中空玻璃。蓄电池室、卫生间的窗采用磨砂玻璃。

（3）建筑外门窗抗风压性能分级不得低于 4 级，气密性能分级不得低于 3级，水密性能分级不得低于 3 级，保温性能分级为 7 级，隔音性能分级为 4 级，外门窗采光性能等级不低于 3 级。

5.4.5.6 坡道、台阶及散水

配电装置室预制混凝土散水宽度为 0.80m，辅助用房预制混凝土散水宽度为 0.60m，散水与建筑物外墙间应留置沉降缝，缝宽 20～25mm，纵向 6m 左右设分隔缝一道。

5.4.6 装配式建筑物结构

5.4.6.1 基本设计规定

（1）装配式建筑物采用钢结构。结构体系采用钢框架结构。

（2）根据《建筑结构可靠度设计统一标准》（GB 50068），建筑结构安全等级取为二级；根据《建筑抗震设计规范》（GB 50011），建筑抗震设防类别取为丙类；荷载标准值、荷载分项系数、荷载组合值系数等，应满足《建筑结构荷载规范》（GB 50009）和《变电站建筑结构设计技术规程》（DL/T 5427）的规定。结构的重要性系数 γ_0 宜取 1.0。

（3）承重结构应按承载力极限状态和正常使用极限状态进行设计。按承载能力极限状态设计时，采用荷载效应的基本组合；按正常使用极限状态设计时，采用荷载效应的标准组合。

5.4.6.2 材料

（1）钢结构梁柱等主要承重构件宜采用 Q235B、Q355B 热轧 H 型钢；轻型围护板材的檩条、墙梁等次构件，宜采用 Q235 冷弯薄壁型钢（如 C 型钢、Z 型钢等）。钢材的强屈比不小于 1.2，且延伸率宜大于 20%。

（2）钢结构的传力螺栓连接选用高强度螺栓连接，高强度螺栓选用 8.8 级、10.9 级，高强度螺栓的预拉应力满足表 5-15 的要求，钢结构构件上螺栓钻孔直径比螺栓直径大 1.5～2.0mm。

表 5-15			高强度螺栓的预拉应力值			
螺栓公称直径（mm）	M16	M20	M22	M24	M27	M30
螺栓预拉力（kN）	100	155	190	225	290	355

（3）Q355 与 Q355 钢之间焊接宜采用 E50 型焊条，Q235 与 Q235 钢之间焊接采用 E43 型焊条，Q235 与 Q355 钢之间焊接采用 E43 型焊条，焊缝的质量等级不小于二级。

5.4.6.3　结构布置

结构柱网尺寸按照模块化建设通用设计要求进行布置，柱采用 H 型截面，框架梁采用 H 型截面；梁柱采用刚性连接。次梁的布置综合考虑设备布置和工艺要求，使次梁传递至这个区域柱上的楼面荷载均匀，次梁与主梁铰接，并与楼板组成简支组合梁。

5.4.6.4　钢结构计算的基本原则

（1）钢结构的计算采用空间结构计算方法，对结构在竖向荷载、风荷载及地震荷载作用下的位移和内力进行分析。

（2）进行构件的截面设计时，应分别对每种荷载组合工况进行验算，取其中最不利的情况作为构件的设计内力。荷载及荷载效应组合应满足《建筑结构荷载规范》（GB 50009）的规定。

（3）框架柱在压力和弯矩共同作用下，应进行强度计算、强轴平面内稳定计算和弱轴平面内稳定计算。在验算柱的稳定性时，框架柱的计算长度应根据有无支撑情况按照《钢结构设计规范》（GB 50017）进行计算。

（4）柱与梁连接处，柱在与梁上翼缘对应位置设置水平加劲肋，以形成柱节点域，节点域腹板的厚度应满足节点域的屈服承载力要求和抗剪强度要求。

（5）柱与基础的连接采用锚栓连接，锚栓采用 Q355B 钢材。

5.4.6.5　钢结构节点设计与构造

（1）梁与柱的连接要求。

梁与柱刚性连接节点具有足够的刚性，梁的上下翼缘用坡口全熔透焊缝与柱翼缘连接，腹板用 8.8 级或 10.9 级高强度螺栓与柱翼缘上的剪力板连接。梁与柱的连接应验算其在弹性阶段的连接强度、弹塑性阶段的极限承载力、在梁翼缘拉力和压力作用下腹板的受压承载力和柱翼缘板刚度、节点域的抗剪承载力。

梁腹板上下端均作扇形切角，切角高度应容许焊条通过，下翼缘焊接衬板的反面与柱翼缘或壁板的连接处，应沿衬板全厂用角焊缝连接，焊缝尺寸宜取为 6mm。

梁腹板与柱的连接螺栓不小于二列，且螺栓总数不小于计算值的 1.5 倍。

H 型截面柱在弱轴方向与主梁刚性连接时，应在主梁翼缘对应位置设置柱水平加劲肋，其厚度分别与梁翼缘和腹板厚度相同。柱水平加劲肋与柱翼缘和腹板均为全熔透坡口焊缝，竖向连接板柱腹板连接为角焊缝。

（2）柱与柱的连接要求。

钢框架采用 H 型截面，由三块钢板组成焊接的 H 型截面柱，腹板与翼缘的组合焊缝可采用角焊缝或部分熔透焊的 K 型坡口焊缝。

柱的工字接头应位于框架节点塑性区以外，在框架梁上方 1.3m 附近，柱接头上下各 100mm 范围内，工字形截面柱翼缘与腹板间的组合焊缝，采用全熔透坡口焊缝；柱的工字接头处应设置安装耳板，厚度大于 10mm。

（3）梁与梁的连接要求。

主梁的翼缘和腹板均采用高强度螺栓连接。

次梁与主梁的连接为铰接，次梁与主梁的竖向加劲板采用高强度螺栓连接。

（4）钢筋桁架楼承板构造要求。

楼盖底模的压型钢板满足建筑防水、保温、耐腐蚀性能和结构承载等功能。压型钢板钢材选用 Q235 镀锌钢板，钢板厚度不小于 0.5mm，屋面板的连接设置在波峰上采用圆柱头栓钉将压型钢板与钢梁焊接固定，栓钉设置在端支座的钢筋桁架楼承板凹肋处，栓钉穿透钢筋桁架楼承板焊于钢梁翼缘上。栓钉的直径不大于 19mm，栓钉顶面的混凝土保护层厚度不小于 20mm。

5.4.6.6　钢结构防锈和防火

（1）钢结构防锈。

钢结构建筑物梁柱均应进行防锈处理，钢结构的防锈和涂装设计综合考虑结构的重要性、环境条件、维护条件及使用寿命，防锈等级宜 Sa2.5 级。

钢结构防锈涂层由底漆、中间漆和面漆组成，即无机富锌底漆 2 遍（60μm），环氧中间漆 2 遍（140μm），脂肪族聚氨酯面漆 2 遍（80μm）。

钢柱脚埋入地下部分采用比基础或连接处混凝土等级高一级的混凝土包裹，包裹厚度 50mm。

（2）钢结构防火。

丙类钢结构厂房主变压器室和散热器室的耐火等级为一级，钢柱的耐火极限为 3h，主变压器室、散热器室侧钢梁耐火极限为 3h，其他侧钢梁的耐火极限为 1.5h。

1）防火板。钢结构建筑物内的钢柱和钢梁选用防火板外包防火构造。板材采用防火石膏板，板材的耐火性能应经国家检测机构认定。外包板的厚度和层数根据外包板的板材形式和结构的耐火极限进行计算选定。

2）防火涂料。建筑物的承重钢柱和钢梁宜选用厚涂型防火涂料，防火涂料的厚度应满足表 5-16 的要求。防火涂料的粘结强度大于 0.05MPa；钢结构节点部位的防火涂料适当加厚。

表 5–16	防火涂料的耐火极限			
涂层厚度（mm）	20	30	40	50
耐火极限（h）	1.5	2.0	2.5	3.0

5.4.7　装配式构筑物

5.4.7.1　围墙

（1）围墙形式采用大砌块实体围墙，高度为 2.3m。采用蒸压加气混凝土砌块，砌块尺寸推荐为 600mm×300mm×300mm（长×宽×高），围墙中部及转角处设置构造柱，构造柱间距不宜大于 3m，采用标准钢模浇制。

（2）饰面及压顶。围墙饰面采用水泥砂浆饰面，围墙压顶选择预制压顶。

5.4.7.2　大门

变电站大门应采用平开门，宽度为 6.0m，门高 2.0m。

5.4.7.3　设备支架

（1）构架柱宜采用钢管结构或格构式结构，构架梁宜采用三角形格构式钢梁，构件采用螺栓连接，梁柱连接宜采用铰接，构件柱与基础采用螺栓连接。

（2）设备支架采用钢管结构，设备支架柱与基础之间采用地脚螺栓连接。

（3）防腐及接地。支架根据大气腐蚀介质采取有效的防腐措施，对通常环境条件的钢结构宜采用热镀锌防腐。

（4）支架基础采用标准钢模浇制混凝土。

5.4.8　给排水

5.4.8.1　给水

（1）生活给水。变电站生活用水水源根据供水条件综合比较确定，选用自来水。

（2）消防给水。变电站消防给水量按火灾时一次最大消防用水量，即室内和室外消防用水量之和计算。

5.4.8.2　排水

（1）场地排水根据站区地形、地区降雨量、土质类别、站区竖向及道路综合布置，变电站内排水系统采用分流制排水。生活污水采用化粪池处理，定期处理。

（2）事故排油必须进行回收处理。事故油池的贮油池容积按变电站内油量最大的一台变压器或高压电抗器的 100%油量设计。

5.4.9　暖通

变电站二次设备室、10kV 配电室、蓄电池室、资料室、保电值班室、警卫室设置分体空调。消防泵房设置电暖气。10kV 配电室、电容器室、110 GIS 设备室、主变压器室设屋顶风机。采暖通风系统与消防报警系统能联动闭锁，同时具备自动启停、现场控制和远方控制功能。

5.4.10　消防

5.4.10.1　建筑物消防

结合灭火配置场所的火灾种类和变电站建筑灭火器配置场所的危险等级，按现行规范配置灭火器并标注定位尺寸。

5.4.10.2　主变压器消防

主变压器消防采用移动式化学灭火装置。

第三篇

三维施工图通用设计技术方案

第6章　HE-110-A1-1实施方案

6.1　HE-110-A1-1方案说明

本实施方案主要设计原则详见表6-1，与国网通用设计的主要差异如下：

（1）110kV电气接线远期由单母线三分段接线调整为扩大内桥接线，本期由单母线分段接线调整为内桥接线。

（2）110kV出线规模远期由4回出线调整为3回出线。

（3）接地消弧成套装置的位置由110kV配电装置区调整至10kV配电室与主运输通道之间，同时调整事故油池的位置，远离电气设备，相应核减1面主变压器防火墙。

（4）增加110kV线路电压互感器按三相全保护配置。

（5）电容器区增设两处电缆井，二次电缆敷设方式由直埋管调整为管井结合的方式。

（6）站控层设备模块的位置由预制舱调整至二次设备室，预制舱由Ⅲ型调整为Ⅱ型，调整二次设备室、蓄电池室尺寸，调整资料室位置，总建筑面积增加10m²。

（7）根据《国网基建部关于发布输变电工程通用设计通用设备应用目录（2021年版）的通知》（基建技术〔2021〕2号）10kV室外一次电缆沟由1.2m×1.2m调整为1.4m（宽）×1.0m（深）。

（8）根据国网河北电力要求，10kV进线电流互感器布置于母线侧，主变压器进线增加一面进线隔离柜。

（9）根据河北南网实际需求，增加了低频低压减载装置。

6.2　HE-110-A1-1方案主要技术条件

HE-110-A1-1方案主要技术条件见表6-1。

表6-1　　　　HE-110-A1-1方案主要技术条件表

序号	项目		技术条件	与国网通用设计的差异
1	建设规模	主变压器	本期2台50MVA，远期3台50MVA	无
		出线	110kV：本期2回，远期3回； 10kV：本期24回，远期36回	国网通用设计远期4回
		无功补偿装置	每台变压器配置10kV电容器2组	无
2	站址基本条件		海拔小于1000m，设计基本地震加速度0.15g，设计风速不大于27m/s，地基承载力特征值$f_{ak}=120$kPa，无地下水影响，场地同一设计标高	无
3	电气主接线		110kV　本期采用内桥接线，远期采用扩大内桥接线； 10kV　本期采用单母线分段接线，远期采用单母线三分段接线	110kV将单母线分段接线改为内桥接线
4	主要设备选型		110kV、10kV　短路电流控制水平分别为40kA、31.5kA； 主变压器选用三相两绕组低损耗油浸自冷式有载调压变压器； 110kV：户外GIS； 10kV：户内空气绝缘开关柜，配置真空断路器； 10kV电容器：框架式成套装置； 10kV消弧线圈接地变压器成套装置：户外干式	无

序号	项目	技术条件	与国网通用设计的差异
5	电气总平面及配电装置	主变压器：户外布置； 110kV：户外 GIS； 10kV：户内高压开关柜双列布置； 10kV 电容器：框架式成套装置	无
6	二次系统	全站采用预制舱式二次组合设备、模块化二次设备、预制式智能控制柜及预制光电缆的二次设备模块化设计方案； 变电站自动化系统按照一体化监控设计； 采用常规互感器＋合并单元； 110kV GOOSE 与 SV 共网，保护直采直跳； 110kV 采用保测集成装置，10kV 采用保测集成装置； 采用一体化电源系统，通信电源不独立设置； 110kV 间隔层采用预制舱式二次组合设备，公用设备布置在二次设备室	Ⅲ/Ⅳ区增设 1 台防火墙
7	土建部分	围墙内占地面积 0.3585hm²； 全站总建筑面积 455m²，其中配电装置室建筑面积 395m²； 建筑物结构型式为钢结构； 建筑物外墙采用纤维水泥复合板，内墙采用轻质复合墙板，楼面板采用压型钢板为底模的现浇钢筋混凝土板，屋面板采用钢筋桁架楼承板； 围墙采用大砌块围墙	全站总建筑面积 455m²

6.3 HE-110-A1-1 方案卷册目录

（1）电气一次（见表 6-2）。

表 6-2　　　　　　　　HE-110-A1-1 方案电气一次卷册目录

序号	卷册编号	卷册名称
1	HE-110-A1-1-D0101	总的部分
2	HE-110-A1-1-D0102	110kV 配电装置部分
3	HE-110-A1-1-D0103	主变压器及附属设备安装部分
4	HE-110-A1-1-D0104	10kV 屋内配电装置部分
5	HE-110-A1-1-D0105	无功补偿部分
6	HE-110-A1-1-D0106	接地变压器消弧线圈部分
7	HE-110-A1-1-D0107	全站防雷接地部分
8	HE-110-A1-1-D0108	全站动力照明部分
9	HE-110-A1-1-D0109	电缆敷设及防火封堵部分

（2）电气二次（见表 6-3）。

表 6-3　　　　　　　　HE-110-A1-1 方案电气二次卷册目录

序号	卷册编号	卷册名称
1	HE-110-A1-1-D0201	二次系统施工图设计说明及设备材料清册
2	HE-110-A1-1-D0202	公用设备二次线
3	HE-110-A1-1-D0203	变电站自动化系统
4	HE-110-A1-1-D0204	主变压器保护及二次线
5	HE-110-A1-1-D0205	110kV 部分保护及二次线
6	HE-110-A1-1-D0206	故障录波及网络记录分析系统
7	HE-110-A1-1-D0207	10kV 二次线
8	HE-110-A1-1-D0208	时间同步系统
9	HE-110-A1-1-D0209	一体化电源系统
10	HE-110-A1-1-D0210	辅助控制系统
11	HE-110-A1-1-D0211	火灾报警系统

（3）土建（见表 6-4）。

表 6-4　　　　　　　　HE-110-A1-1 方案土建卷册目录

序号	卷册编号	卷册名称
1	HE-110-A1-1-T0101	土建施工总说明及卷册目录
2	HE-110-A1-1-T0102	总图部分施工图
3	HE-110-A1-1-T0201	配电装置室建筑施工图
4	HE-110-A1-1-T0202	配电装置室是结构施工图
5	HE-110-A1-1-T0203	辅助用房建筑结构施工图
6	HE-110-A1-1-T0301	110kV 配电装置设备基础及构支架施工图
7	HE-110-A1-1-T0302	主变压器基础、构支架施工图
8	HE-110-A1-1-T0303	室外电容器、二次预制仓、接地变压器基础施工图
9	HE-110-A1-1-T0304	独立避雷针施工图
10	HE-110-A1-1-S0101	给排水及消防施工图
11	HE-110-A1-1-N0101	暖通部分

6.4 HE-110-A1-1 方案三维模型

HE-110-A1-1 方案总装模型见图 6-1，主设备区模型见图 6-2。

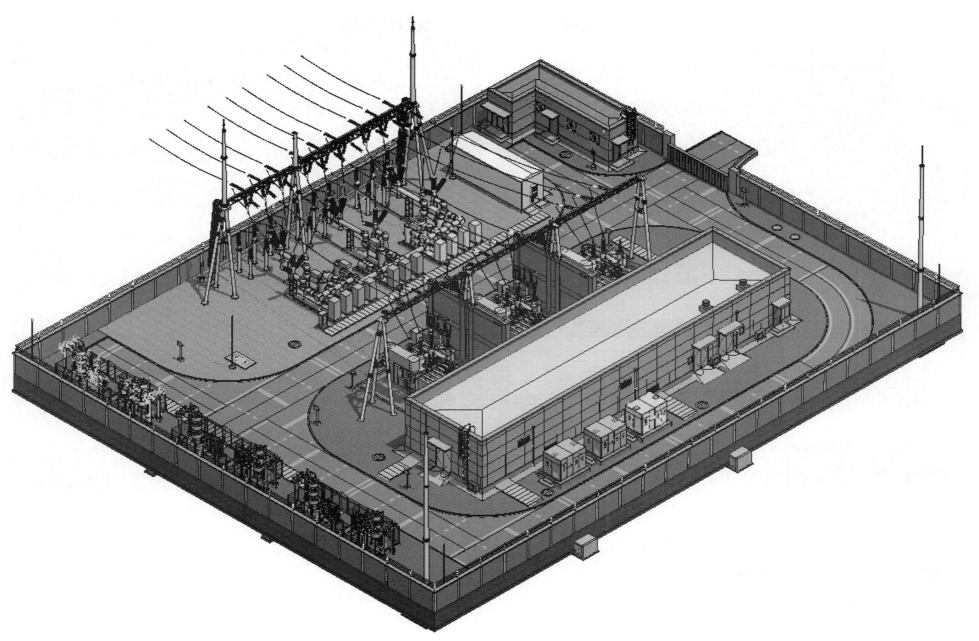

图 6-1　HE-110-A1-1 方案总装模型

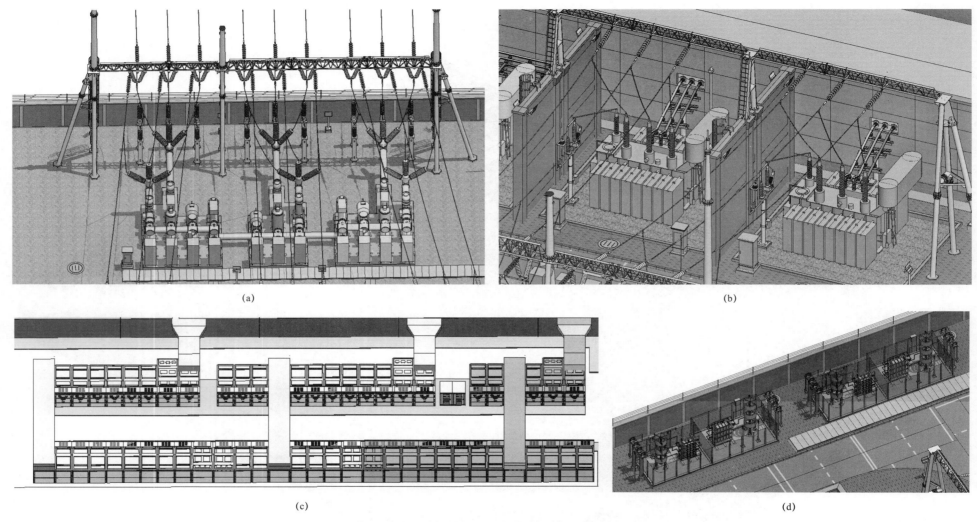

(a)

(b)

(c)

(d)

图6-2 HE-110-A1-1方案设备区模型

（a）110kV GIS 区模型；（b）主变压器区模型；（c）10kV 开关柜模型；（d）10kV 电容器区模型

6.5 HE-110-A1-1 方案主要图纸

HE-110-A1-1 方案主要图纸见图6-3～图6-19。

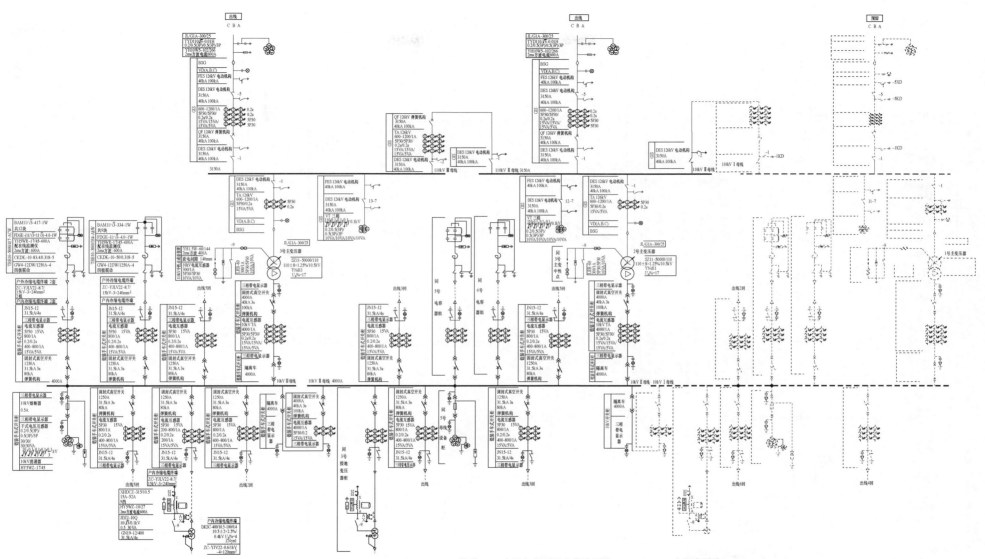

说明：1. 本站主变压器终期容量为 3×50MVA，本期容量为 2×50MVA。
2. 本站电压等级为 110/10kV，110kV 终期出线 3 回，本期出线 2 回；10kV 远期出线 36 回，本期出线 24 回。
3. 本站 110kV 远期主接线采用扩大内桥接线，本期为内桥接线。
4. 本站 10kV 远期主接线采用单母三分段接线，本期为单母线分段接线。
5. 每台主变压器低压侧配两组电容器，容量为（3＋5）Mvar。
6. 虚线部分为远期建设内容。

图 6-3　HE-110-A1-1 电气主接线图

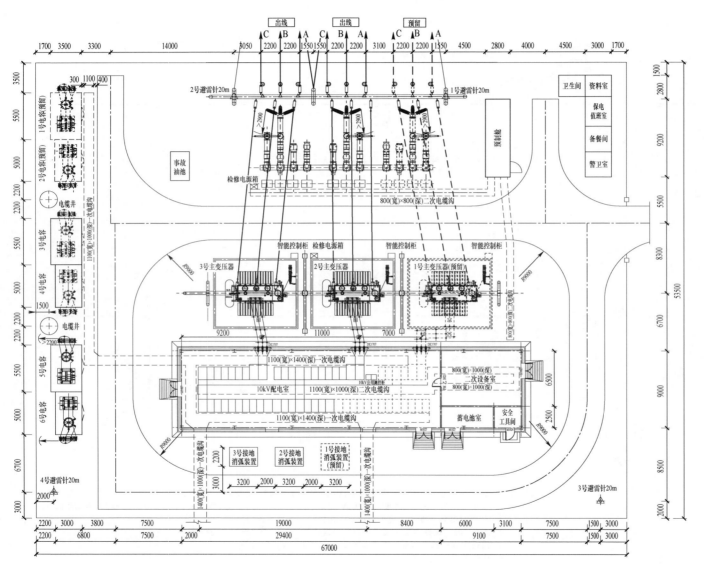

北

说明：1. 110kV 配电装置采用 GIS 设备，室外布置，架空出线，远期采用扩大内桥接线，本期为内桥接线。

2. 主变压器室外布置。

3. 10kV 配电装置采用铠装式手车柜，室内布置，电缆出线，远期采用单母三分段，本期为单母线分段接线。

4. 10kV 电容器组及接地消弧装置室外布置。

5. 虚线部分为远期建设内容。

图 6-4　HE-110-A1-1 电气总平面布置图

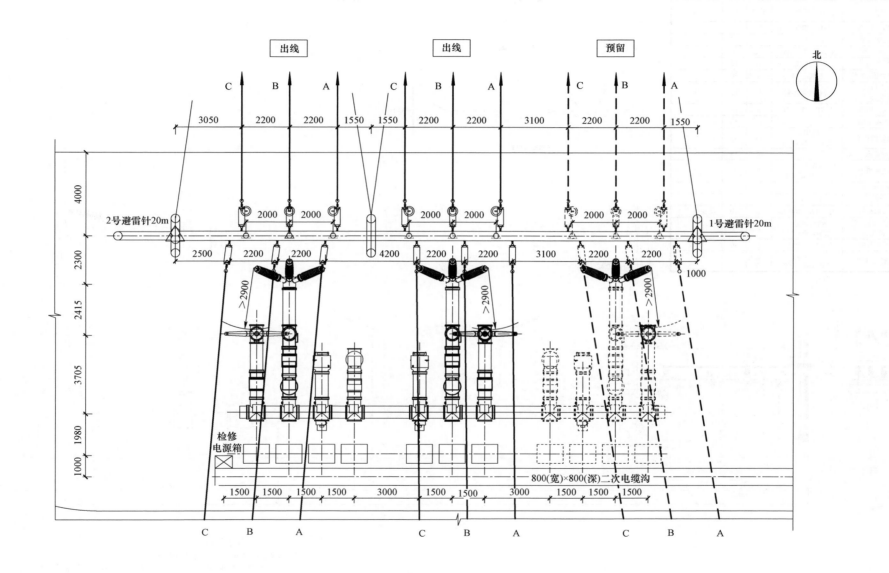

图6-5　HE-110-A1-1 110kV屋外配电装置平面布置图

材 料 表

序号	名称	型号和规范	单位	数量	备注
1	电力变压器	SZ11－50000/110	台	1	
2	矩形铜母线	TMY－125×10	m	65	三层
3	穿墙套管	CWC－24/4000	只	3	
4	支持绝缘子	ZSW－24/12.5－4	只	12	
5	矩形母线间隔垫	MJG－04	套	30	
6	矩形母线固定金具	MWP－304	套	12	
7	母线伸缩节	MST－125×10	套	18	
8	热镀锌槽钢	[10	m	30	
9	热缩绝缘护套	适用于TMY－125×10	m	65	
10	10kV绝缘接头盒		套	18	
11	耐张绝缘子	9（XWP－70），单片爬距550	串	6	含金具
12	耐张线夹	NY－300/25	套	6	
13	T型线夹	TY－300/25	套	3	
14	钢芯铝绞线	JL/G1A－300/25	m	40	设备引下线
15	30度铜铝过渡设备线夹	SYG－300/25B 80×80	套	3	
16	钢芯铝绞线	JL/G1A－300/25	m	80	跨线
17	30度铝设备线夹	SYG－300/25B 150×100	套	3	

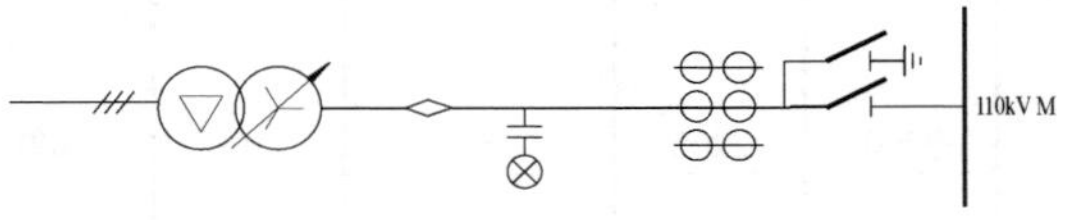

接线原理图

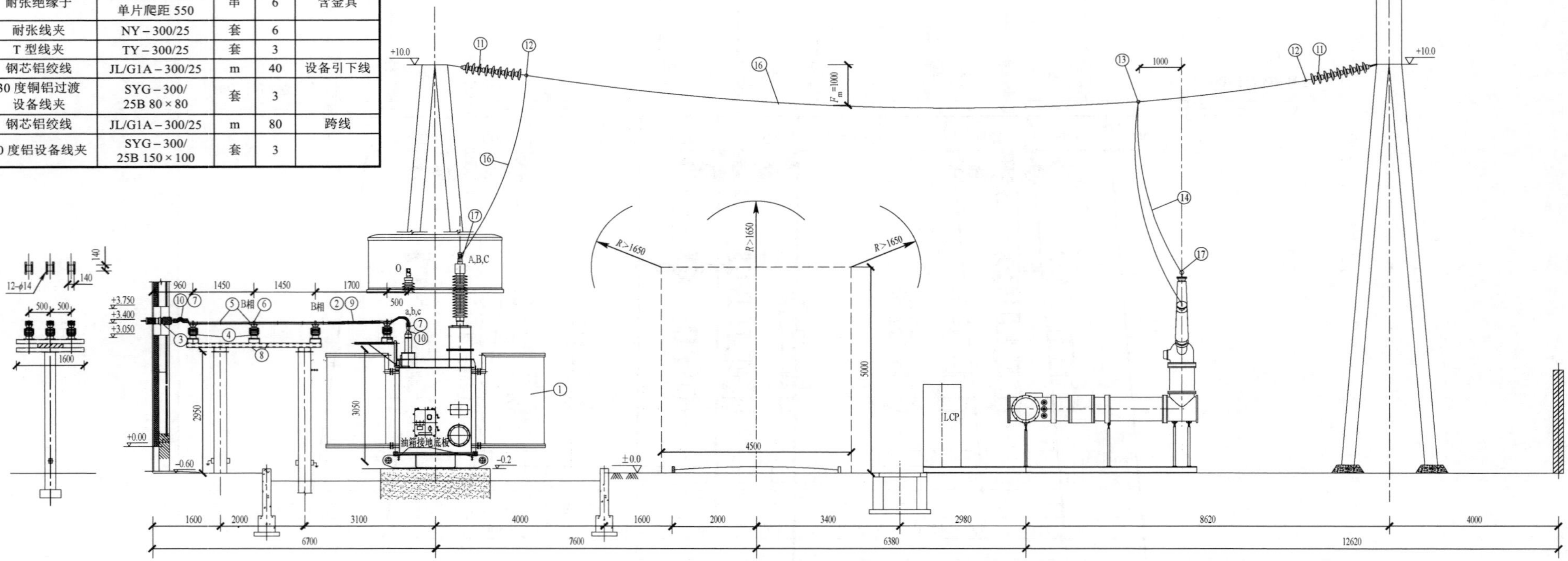

110kV M

说明：1. 此为一个间隔的材料表。

2. 每隔约60cm加装一套间隔垫。

3. 支持绝缘子安装采用螺栓固定，尽量避免在主变压器本体和散热片上焊接。

4. 支持绝缘子固定铜排时，采用加长型卡管、螺栓。

图6-6　HE-110-A1-1　主变压器进线间隔断面图

开关柜编号			27	26	25	24	23	22	21	20	19
主母线电流: 4000A											
主母线规格: 3×[3×TMY-(120×10)]											
开关柜型号: KYN	一次系统图										
额定电压: 12kV											
控制电源: 220VDC											
储能电源: 220VDC											
用 途			5号电容器组	6号电容器组	馈线	馈线	馈线	馈线	馈线	3号主变压器进线隔离	3号主变压器进线开关
柜体外形尺寸(宽×深×高)			1000×1500×2240	800×1500×2240	800×1500×2240	800×1500×2240	800×1500×2240	800×1500×2240	800×1500×2240	1000×1800×2240	1000×1800×2240
柜内主要电气设备	主开关(电动)		12kV,1250A,31.5kA.3s	12kV,1250A,31.5kA.3s	12kV,1250A,31.5kA.3s	12kV,1250A,31.5kA.3s	12kV,1250A,31.5kA.3s	12kV,1250A,31.5kA.3s	12kV,1250A,31.5kA.3s	隔离手车 4000A	12kV,4000A,40kA.3s
	10kV电流互感器		电流互感器 800/1A: 400~800/1A: 400~800/1A 5P30/0.2/0.2s 10/15~10/15~5VA 31.5kA/3s 80kA	电流互感器 800/1A: 400~800/1A: 400~800/1A 5P30/0.2/0.2s 10/15~10/15~5VA 31.5kA/3s 80kA	电流互感器 800/1A: 200/1A: 200/1A 5P30/0.2/0.2s 10/15~10/15~5VA 31.5kA/3s 80kA	电流互感器 800/1A: 400~800/1A: 400~800/1A 5P30/0.2/0.2s 10/15~10/15~5VA 31.5kA/3s 80kA	电流互感器 800/1A: 400~800/1A: 400~800/1A 5P30/0.2/0.2s 10/15~10/15~5VA 31.5kA/3s 80kA	电流互感器 800/1A: 400~800/1A: 400~800/1A 5P30/0.2/0.2s 10/15~10/15~5VA 31.5kA/3s 80kA	电流互感器 800/1A: 400~800/1A: 400~800/1A 5P30/0.2/0.2s 10/15~10/15~5VA 31.5kA/3s 80kA		电流互感器 4000/1A 5P30/5P30/0.2s/0.2s 15/15/15/5VA
	电压互感器										
	熔断器										
	避雷器										
	避雷器在线监测器										
	接地开关(电动)		JN15-12/31.5-210	JN15-12/31.5-210	JN15-12/31.5-210	JN15-12/31.5-210	JN15-12/31.5-210	JN15-12/31.5-210	JN15-12/31.5-210		
	消谐器										
	变压器										
	零序电流互感器										
	综合保护装置										
	带电显示装置		三相带电显示器	三相带电显示器	三相带电显示器	三相带电显示器	三相带电显示器	三相带电显示器	三相带电显示器	三相带电显示器	2×三相带电显示器
	温湿度控制器										
	开关状态指示仪		SD-5102E								
相序(正面柜前看从左至右)			A、B、C	A、B、C	A、B、C	A、B、C	A、B、C	A、B、C	A、B、C	A、B、C	A、B、C
备 注											二次接线盒在P2侧

至28号柜

图 6-7　HE-110-A1-1 10kV 配电装置接线图（一）

至27号柜

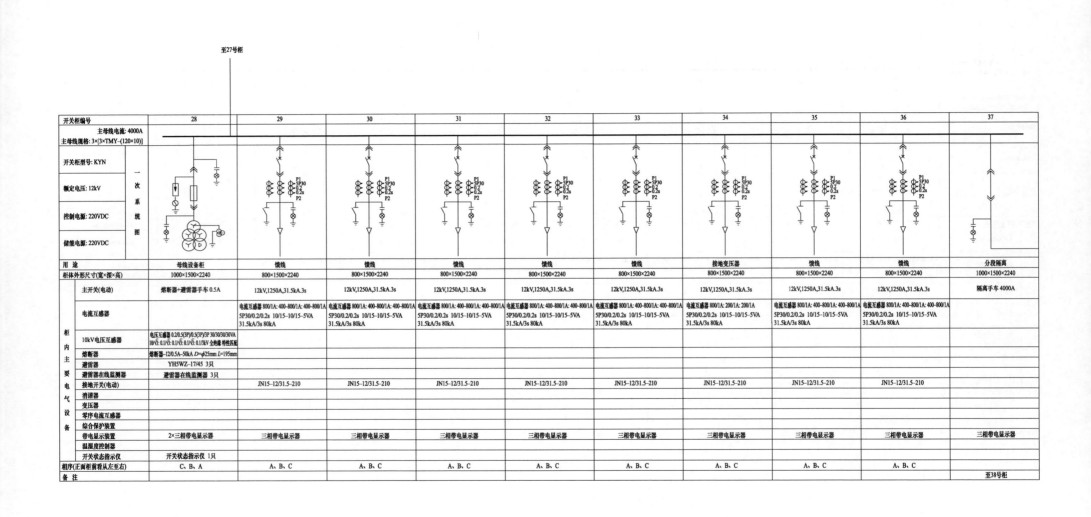

开关柜编号			28	29	30	31	32	33	34	35	36	37
主母线电流: 4000A												
主母线规格: 3×[3×TMY-(120×10)]												
开关柜型号: KYN	一次系统图											
额定电压: 12kV												
控制电源: 220VDC												
储能电源: 220VDC												
用途			母线设备柜	馈线	馈线	馈线	馈线	馈线	接地变压器	馈线	馈线	分段隔离
柜体外形尺寸(宽×深×高)			1000×1500×2240	800×1500×2240	800×1500×2240	800×1500×2240	800×1500×2240	800×1500×2240	800×1500×2240	800×1500×2240	800×1500×2240	1000×1500×2240
柜内主要电气设备	主开关(电动)		熔断器+避雷器手车 0.5A	12kV,1250A,31.5kA.3s	12kV,1250A,31.5kA.3s	12kV,1250A,31.5kA.3s	12kV,1250A,31.5kA.3s	12kV,1250A,31.5kA.3s	12kV,1250A,31.5kA.3s	12kV,1250A,31.5kA.3s	12kV,1250A,31.5kA.3s	隔离手车 4000A
	电流互感器			电流互感器 800/1A: 400~800/1A: 400~800/1A 5P30/0.2/0.2s 10/15~10/15~5VA 31.5kA/3s 80kA	电流互感器 800/1A: 400~800/1A: 400~800/1A 5P30/0.2/0.2s 10/15~10/15~5VA 31.5kA/3s 80kA	电流互感器 800/1A: 400~800/1A: 400~800/1A 5P30/0.2/0.2s 10/15~10/15~5VA 31.5kA/3s 80kA	电流互感器 800/1A: 400~800/1A: 400~800/1A 5P30/0.2/0.2s 10/15~10/15~5VA 31.5kA/3s 80kA	电流互感器 800/1A: 400~800/1A: 400~800/1A 5P30/0.2/0.2s 10/15~10/15~5VA 31.5kA/3s 80kA	电流互感器 800/1A: 200/1A: 200/1A 5P30/0.2/0.2s 10/15~10/15~5VA 31.5kA/3s 80kA	电流互感器 800/1A: 400~800/1A: 400~800/1A 5P30/0.2/0.2s 10/15~10/15~5VA 31.5kA/3s 80kA	电流互感器 800/1A: 400~800/1A: 400~800/1A 5P30/0.2/0.2s 10/15~10/15~5VA 31.5kA/3s 80kA	
	10kV电压互感器		电压互感器 0.2/0.5(3P)/0.5(3P)/3P 30/30/30/30VA 10/√3: 0.1/√3: 0.1/√3: 0.1/√3: 0.1/3kV 全绝缘 特性匹配									
	熔断器		熔断器-12/0.5A~50kA D=φ25mm L=195mm									
	避雷器		YH5WZ-17/45 3只									
	避雷器在线监测器		避雷器在线监测器 3只									
	接地开关(电动)			JN15-12/31.5-210	JN15-12/31.5-210	JN15-12/31.5-210	JN15-12/31.5-210	JN15-12/31.5-210	JN15-12/31.5-210	JN15-12/31.5-210	JN15-12/31.5-210	
	消谐器											
	变压器											
	零序电流互感器											
	综合保护装置											
	带电显示装置		2×三相带电显示器	三相带电显示器	三相带电显示器	三相带电显示器	三相带电显示器	三相带电显示器	三相带电显示器	三相带电显示器	三相带电显示器	三相带电显示器
	温湿度控制器											
	开关状态指示仪		开关状态指示仪 1只									
相序(正面柜前看从左至右)			C、B、A	A、B、C	A、B、C	A、B、C	A、B、C	A、B、C	A、B、C	A、B、C	A、B、C	
备注												至38号柜

图6-7　HE-110-A1-1 10kV 配电装置接线图（二）

开关柜编号	18	17	16	15	14	13	12	11	10	9	8	7
主母线电流: 4000A　主母线规格: 3×[3×TMY-(120×10)]												
开关柜型号: KYN												
额定电压: 12kV												
控制电源: 220V DC												
储能电源: 220V DC												
一次系统图												
用途	馈线	馈线	馈线	电容	电容	接地变压器	馈线	馈线	馈线	馈线	进线隔离	进线开关
柜体外形尺寸(宽×深×高)	800×1500×2240	800×1500×2240	800×1500×2240	1000×1500×2240	800×1500×2240	800×1500×2240	800×1500×2240	800×1500×2240	800×1500×2240	800×1500×2240	1000×1800×2240	1000×1800×2240
主开关(电动)	12kV,1250A,31.5kA,3s	12kV,1250A,31.5kA,3s	12kV,1250A,31.5kA,3s	12kV,1250A,31.5kA,3s	12kV,1250A,31.5kA,3s	12kV,1250A,31.5kA,3s	12kV,1250A,31.5kA,3s	12kV,1250A,31.5kA,3s	12kV,1250A,31.5kA,3s	12kV,1250A,31.5kA,3s	隔离手车 4000A	12kV,4000A,40kA,3s
电流互感器	电流互感器 800/1A: 400-800/1A SP30/0.2/0.2S 10/10-10/10VA 31.5kA/3s 80kA	电流互感器 800/1A: 400-800/1A SP30/0.2/0.2S 10/10-10/10VA 31.5kA/3s 80kA	电流互感器 800/1A: 400-800/1A SP30/0.2/0.2S 10/10-10/10VA 31.5kA/3s 80kA	电流互感器 800/1A: 400-800/1A SP30/0.2/0.2S 10/10-10/10VA 31.5kA/3s 80kA	电流互感器 800/1A: 200/1A: 200/1A SP30/0.2/0.2S 10/10-10/10VA 31.5kA/3s 80kA	电流互感器 800/1A: 400-800/1A SP30/0.2/0.2S 10/10-10/10VA 31.5kA/3s 80kA	电流互感器 800/1A: 400-800/1A SP30/0.2/0.2S 10/10-10/10VA 31.5kA/3s 80kA	电流互感器 800/1A: 400-800/1A SP30/0.2/0.2S 10/10-10/10VA 31.5kA/3s 80kA	电流互感器 800/1A: 400-800/1A SP30/0.2/0.2S 10/10-10/10VA 31.5kA/3s 80kA	电流互感器 800/1A: 400-800/1A SP30/0.2/0.2S 10/10-10/10VA 31.5kA/3s 80kA		电流互感器 4000/1A SP30/SP30/0.2/0.2S 15/15/15/5VA
10kV电压互感器												
熔断器												
避雷器												
避雷器在线监测器												
接地开关(电动)	JN15-12/31.5-210	JN15-12/31.5-210	JN15-12/31.5-210	JN15-12/31.5-210	JN15-12/31.5-210	JN15-12/31.5-210	JN15-12/31.5-210	JN15-12/31.5-210	JN15-12/31.5-210	JN15-12/31.5-210		
消谐器												
变压器												
零序电流互感器												
综合保护装置												
带电显示装置	三相带电显示器	三相带电显示器	三相带电显示器				三相带电显示器	三相带电显示器	三相带电显示器	三相带电显示器		2×三相带电显示器
温湿度控制器												
开关状态指示仪												
相序(正面柜前看从左至右)	A、B、C	A、B、C	A、B、C	A、B、C	A、B、C	A、B、C	A、B、C	A、B、C	A、B、C	A、B、C	A、B、C	A、B、C
备注												二次接线盒在P2侧

至41号柜

图6-7　HE-110-A1-1 10kV配电装置接线图（三）

开关柜编号		38	39	40	41	42	43	44	45
主母线电流:4000A 主母线规格:3×[3×TMY-(120×10)]	一次系统图								
开关柜型号:KYN									
额定电压:12kV									
控制电源:220V DC									
储能电源:220V DC									
用　途		分段断路器	接地变压器	馈线	TV	馈线	馈线	馈线	分段隔离
柜体外形尺寸(宽×深·高)		1000×1500×2240	800×1500×2240	800×1500×2240	1000×1500×2240	800×1500×2240	800×1500×2240	800×1500×2240	1000×1800×2240
柜内主要电气设备	主开关(电动)	12kV,4000A,40kA.3s	12kV,1250A,31.5kA.3s	12kV,1250A,31.5kA.3s	熔断器+避雷器手车 0.5A	12kV,1250A,31.5kA.3s	12kV,1250A,31.5kA.3s	12kV,1250A,31.5kA.3s	隔离手车 4000A
	电流互感器	LMZB3-10G 4000/1A 5P30/0.2 15/15VA	电流互感器 800/1A: 200/1A: 200/1A 5P30/0.2/0.2s 10/15-10/15-5VA 31.5kA/3s 80kA	电流互感器 800/1A: 400-800/1A: 400-800/1A 5P30/0.2/0.2s 10/15-10/15-5VA 31.5kA/3s 80kA		电流互感器 800/1A: 400-800/1A: 400-800/1A 5P30/0.2/0.2s 10/15-10/15-5VA 31.5kA/3s 80kA	电流互感器 800/1A: 400-800/1A: 400-800/1A 5P30/0.2/0.2s 10/15-10/15-5VA 31.5kA/3s 80kA	电流互感器 800/1A: 400-800/1A: 400-800/1A 5P30/0.2/0.2s 10/15-10/15-5VA 31.5kA/3s 80kA	
	10kV电压互感器				电压互感器 0.2/0.5(3P)/0.5(3P)/3P 30/30/30/30VA 10/√3:0.1/√3:0.1/√3:0.1/√3:0.1/3kV 全绝缘 特性匹配				
	熔断器				熔断器-12/0.5A-50kA D=φ25mm L=195mm				
	避雷器				YH5WZ-17/45 3只				
	避雷器在线监测器				避雷器在线监测器 3只				
	接地开关(电动)		JN15-12/31.5-210	JN15-12/31.5-210		JN15-12/31.5-210	JN15-12/31.5-210	JN15-12/31.5-210	
	消谐器								
	变压器								
	零序电流互感器								
	综合保护装置								
	带电显示装置		三相带电显示器	三相带电显示器	2×三相带电显示器	三相带电显示器	三相带电显示器	三相带电显示器	三相带电显示器
	温湿度控制器								
	开关状态指示仪				开关状态指示仪 1只				
相序(正面柜前看从左至右)			A、B、C	A、B、C	C、B、A	A、B、C	A、B、C	A、B、C	
备　注		至37号柜							至46号柜(预留)

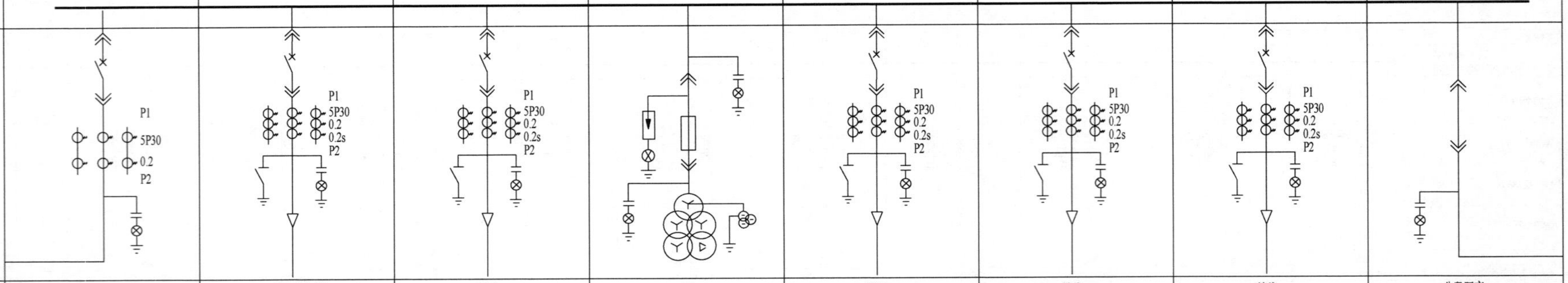

图 6-7　HE-110-A1-1 10kV 配电装置接线图（四）

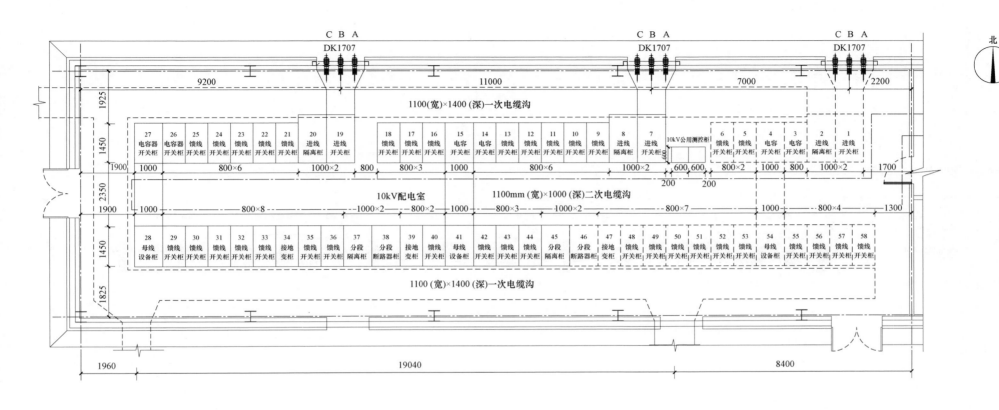

主 要 设 备 表

序号	名称	型号及规范	单位	数量	备注	序号	名称	型号及规范	单位	数量	备注
1	10kV 进线开关柜	KYN-12	面	2		6	10kV 接地变柜	KYN-12	面	2	
2	10kV 进线隔离柜	KYN-12	面	2		7	10kV 封闭母线桥	10kV 4000A	m	24	
3	10kV 馈线开关柜	KYN-12	面	24		8	分段断路器柜	KYN-12	面	1	
4	10kV 电容器开关柜	KYN-12	面	4		9	分段隔离柜	KYN-12	面	2	
5	10kV 母线设备柜	KYN-12	面	2	1000 宽	10					

图 6-8　HE-110-A1-1 10kV 屋内配电装置平面布置图

北

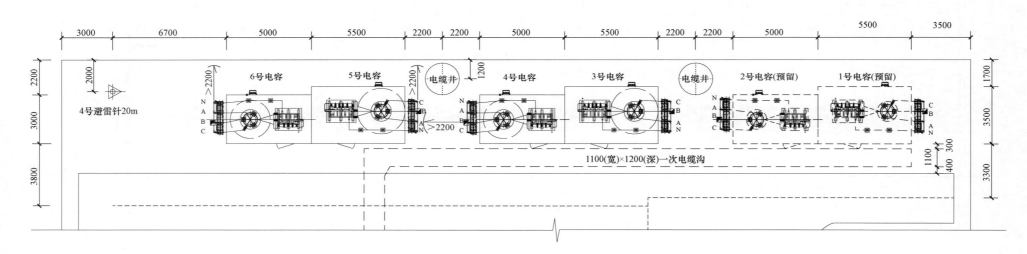

说明：1. 10kV 电容器组远期规划 3×（3+5）MVA，本期建设 2×（3+5）MVA。
2. 虚线部分为远期内容。

图 6-9　HE-110-A1-1　并联电容器组平面布置图

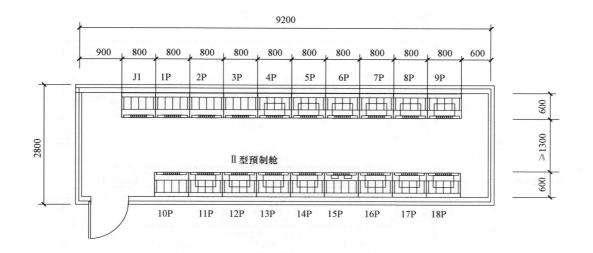

预 制 舱 屏 柜 布 置 图

柜号	名称	型号	数量		备注
			单位	本期	远期	
1P	1 号主变压器测控柜	2260×800×600（mm）	面		1	本期安装好空屏柜，预留相关布线
2P	1 号主变压器保护柜	2260×800×600（mm）	面		1	本期安装好空屏柜，预留相关布线
3P	110kV 桥保护测控柜 1	2260×800×600（mm）	面		1	本期安装好空屏柜，预留相关布线
4P	2 号主变压器测控柜	2260×800×600（mm）	面	1		
5P	2 号主变压器保护柜	2260×800×600（mm）	面	1		
6P	110kV 桥保护测控柜 2	2260×800×600（mm）	面	1		
7P	3 号主变压器测控柜	2260×800×600（mm）	面	1		
8P	3 号主变压器保护柜	2260×800×600（mm）	面	1		
9P	110kV 线路测控柜	2260×800×600（mm）	面	1		本期预留 1 条线路测控装置位置
10P	直流分电柜	2260×800×600（mm）	面	1		
11P	网络记录分析柜	2260×800×600（mm）	面	1		
12P	故障录波柜	2260×800×600（mm）	面	1		
13P	110kV 母线测控及公用测控柜	2260×800×600（mm）	面	1		
14P	时钟同步扩展柜	2260×800×600（mm）	面	1		
15P	电能表及电能采集柜	2260×800×600（mm）	面	1		
16P	交换机柜	2260×800×600（mm）	面	1		
17～18P	备用	2260×800×600（mm）	面		2	
J1	集中接线柜	2260×800×600（mm）	面	1		

图 6-10 HE-110-A1-1 预制舱及二次设备室屏位布置图（一）

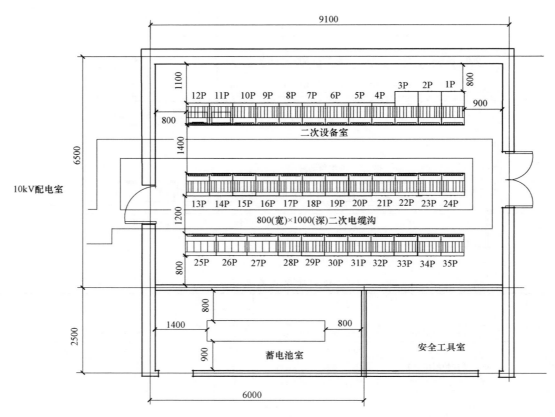

二次设备室屏柜布置图

屏号	名称	型式	数量		备注
			单位	本期	远期	
1P	监控主机兼数据服务器柜	2260×600×900（mm）	面	1		
2P	综合应用服务器及Ⅳ区交换机柜	2260×600×900（mm）	面	1		
3P	智能防误主机柜	2260×600×900（mm）	面	1		
4P	Ⅰ区数据通信网关机柜	2260×600×600（mm）	面	1		
5P	Ⅱ区数据通信网关机柜	2260×600×600（mm）	面	1		
6～7P	调度数据网络设备柜	2260×600×600（mm）	面	2		
8P	公用测控柜	2260×600×600（mm）	面	1		
9P	时间同步系统柜	2260×600×600（mm）	面	1		
10P	智能辅助控制系统柜	2260×600×600（mm）	面	1		
11P	视频监视主机柜	2260×600×600（mm）	面	1		
12P	低频减载柜	2260×600×600（mm）	面	1		

续表

屏号	名称	型式	数量		备注
			单位	本期	远期	
13P	消弧线圈控制柜2	2260×600×600（mm）	面		1	预留
14P	消弧线圈控制柜	2260×600×600（mm）	面	1		
15～24P	通信柜	2260×600×600（mm）	面	10		
25～27P	交流电源柜	2260×800×600（mm）	面	3		
28P	通信电源柜	2260×600×600（mm）	面	1		含DC/DC柜
29P	直流充电柜	2260×600×600（mm）	面	1		
30～31P	直流馈线柜	2260×600×600（mm）	面	2		
32P	UPS电源柜	2260×600×600（mm）	面	1		
33～35P	备用	2260×600×600（mm）	面		3	

说明：1. 预置舱内屏位前方阴影部分为屏正面，采用"前接线、前显示"二次装置，屏柜双列靠墙布置。
　　　2. 二次设备室内屏位前方阴影部分为屏正面，采用"前显示、后接线"二次装置。

图 6－10　HE－110－A1－1 预制舱及二次设备室屏位布置图（二）

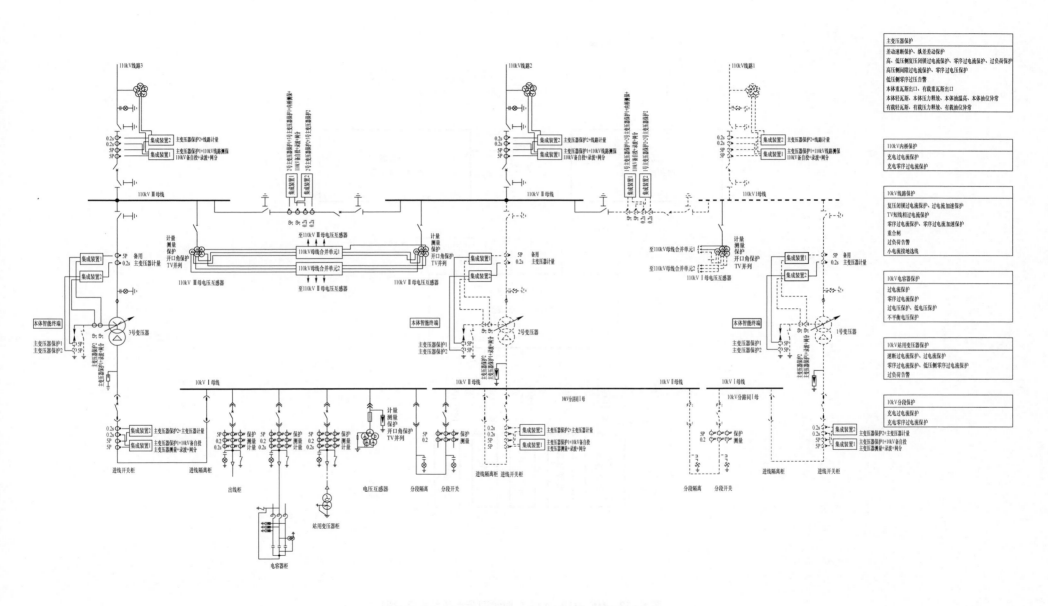

图 6-11　HE-110-A1-1 全站保护配置图

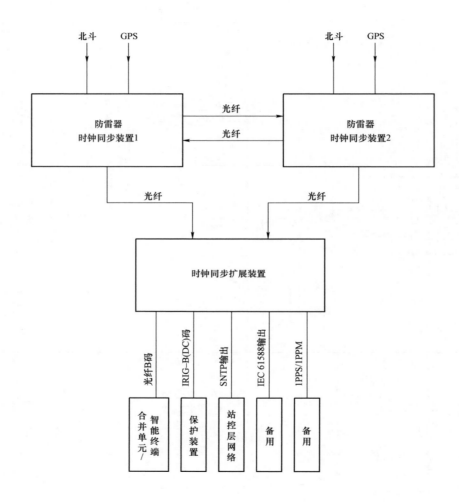

图 6-12 HE-110-A1-1 时钟同步系统结构示意图

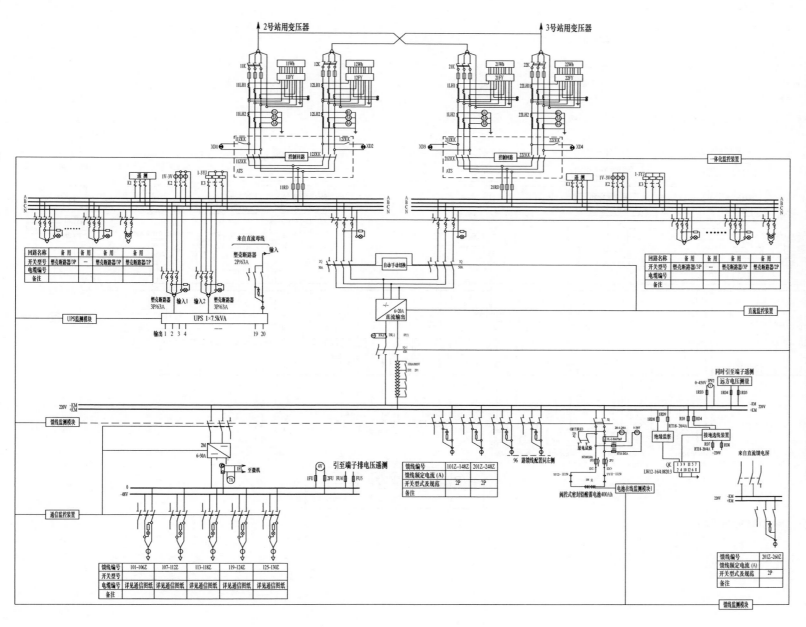

设 备 表

符号	名称	型式	技术特性	数量	备注
11K — 21K	刀熔开关	QSA — 400	附 NT1 — 400 3 只	2	
12K — 22K	刀熔开关	QSA — 400	附 NT1 — 400 3 只	2	
ATS	双电源自动转换开关	TBBQ 2 — 400	400A 3P	2	
11RD — 21RD	熔断器	NT1 — 400		6	
K1 — 3	空气开关	C65N	2A/3P	3	
LH1	电流互感器	LQG — 0.5	400/5A 0.2S	12	
LH2	电流互感器	LQG — 0.5	400/5A 0.5	12	
1YJ — 3YJ	低电压继电器	DC — 110/AC	220V,辅助电源 380V	3	
Wh	多功能电能表		380V, 1.5 (6) A, 0.5s 级	4	与站内表同型号
FY	接线盒		三相四线	4	
1A — 6A	电流表		400/5A	12	
1V — 3V	电压表		380V	6	
XD	红灯	XJD — 22/21 — 8GZ	380V	4	
1YJ — 3YJ	低电压继电器	DY — 110	220V,直流电源 220V	3	
RD1、RD2	空气开关	RT18	4A, 220V	2	

图 6-13 HE-110-A1-1 一体化电源系统原理图

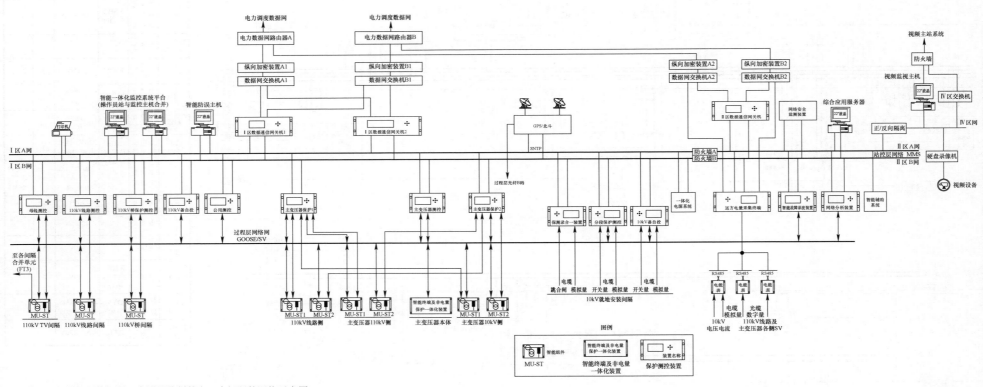

说明：配置相同的间隔，本图只绘制其中一个间隔的网络示意图。

图 6-14 HE-110-A1-1 自动化系统网络示意图

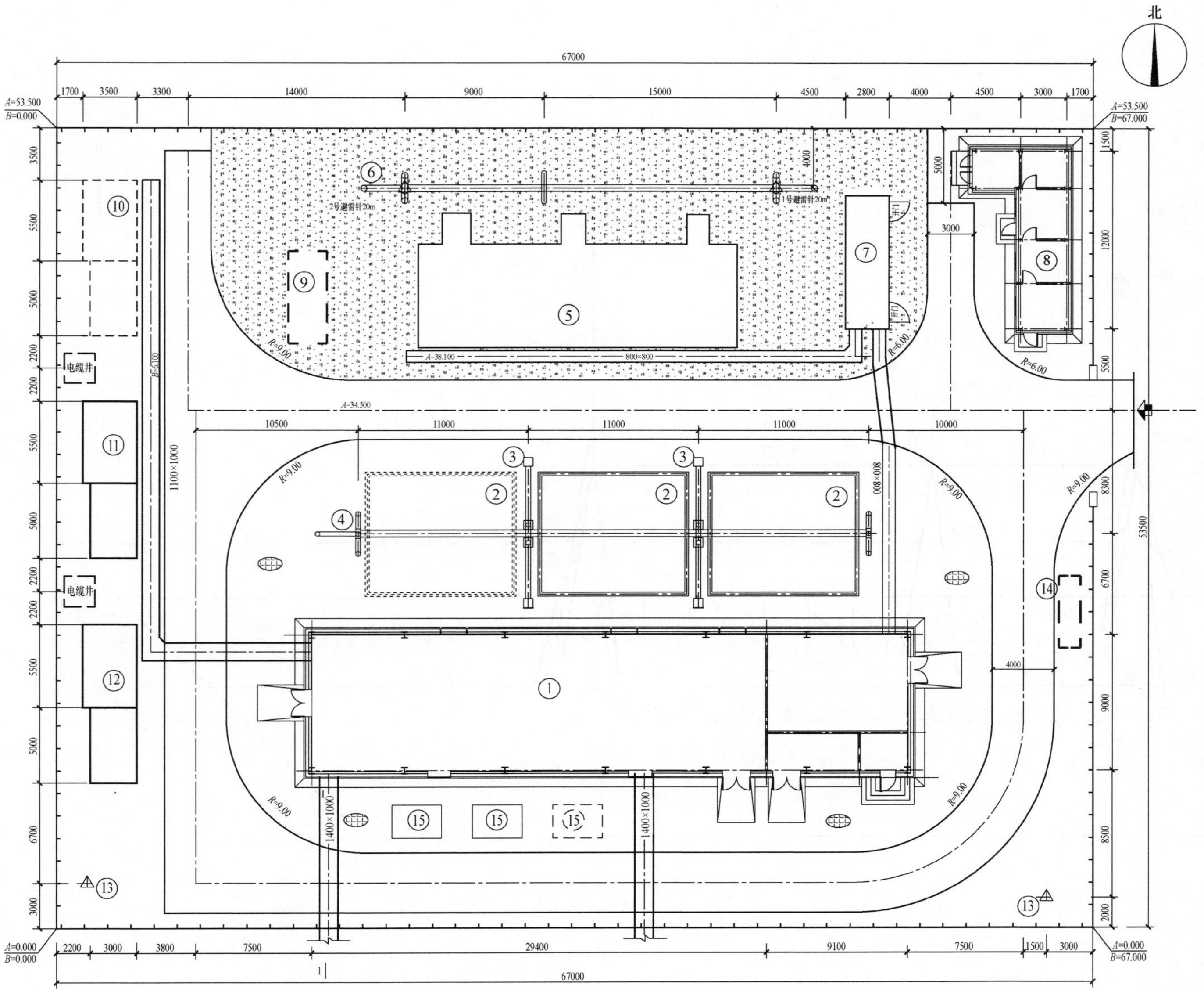

主要技术经济指标表

序号	名称		单位	数量	备注
1	站址总用地面积		hm²		
1.1	站区围墙内用地面积		hm²	0.3585	
1.2	进站道路用地面积		hm²		
1.3	站外供水设施用地面积		hm²		
1.4	站外排水设施用地面积		hm²		
1.5	站外防（排）洪设施用地面积		hm²		
1.6	其他用地面积		hm²		围墙轴线外所需的征地用地
2	进站道路长度		m		
3	站外供水管长度		m		
4	站外排水管长度		m		
5	站内主电缆沟长度（0.8m×1.0m 以上）		m	125	0.8m×0.8m 55m 1.1m×1.0m 45m 1.4m×1.0m 45m
6	站内外挡土墙体积		m³		
7	站内外护坡面积		m²		
8	站址土方量	挖方（一）	m³		
		填方（+）	m³		
8.1	站区场地平整	挖方（一）	m³		
		填方（+）	m³		
8.2	进站道路	挖方（一）	m³		
		填方（+）	m³		
8.3	站址土方综合平衡	弃土	m³		
		取土	m³		
9	站内道路面积		m²	824	城市型道路
10	户外配电装置场地铺砌地面面积	碎石场地	m²	840	110kV 配电装置区场地
		透水砖场地	m²	969	其余户外场地
11	总建筑面积		m²	455	
12	站区围墙长度		m	237	

站区建（构）筑物一览表

编号	名称	单位	数量	备注
1	10kV 配电装置室	m²	395	单层钢结构
2	变压器基础及油池	座	2	本期做两个，预留一个
3	防火墙及基础	座	2	
4	主变压器构架及基础	组	2	
5	GIS 基础	座	1	本期全做
6	进线构架及基础	组	1	两端带 20m 高避雷针
7	二次设备预制舱基础	座	1	
8	附属房间	m²	60	
9	事故油池	座	1	
10	2 号电容器基础	座	1	本期不做
11	3、4 号电容器基础	座	1	
12	5、6 号电容器基础	座	1	
13	20m 避雷针及基础	组	2	
14	化粪池	座	1	化粪池
15	接地变压器基础	座	2	本期做两个，预留一个

图 6-15 HE-110-A1-1 土建总平面布置图

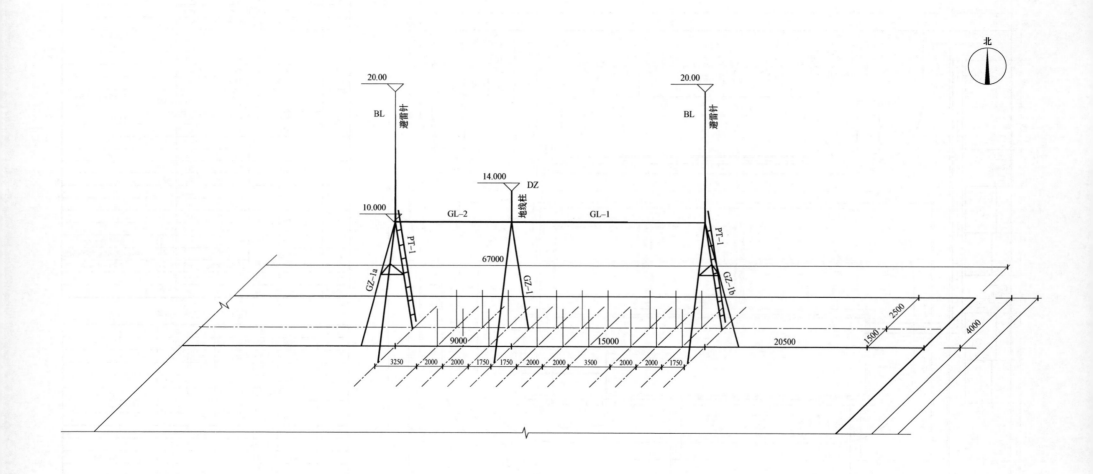

图 6−16   HE−110−A1−1 110kV 架构图

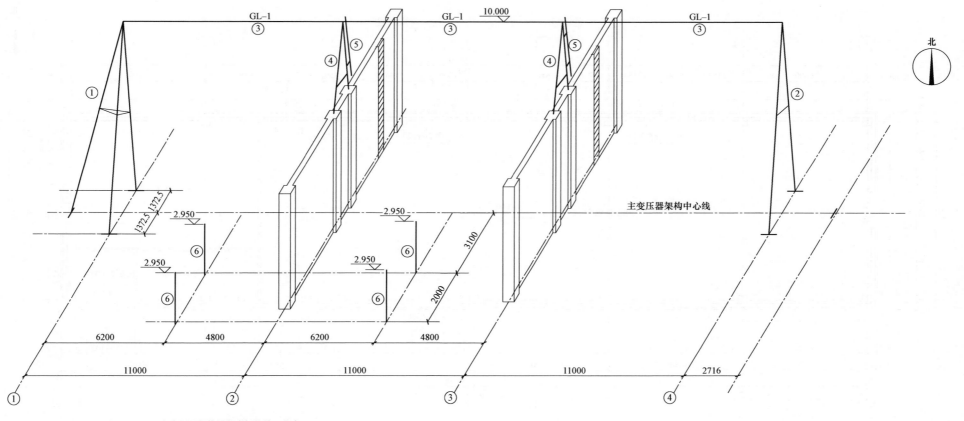

主变压器架构设备支架构件一览表

编号	构件名称	单位	主材规格	数量	重量	
					单重（kg）	小计（kg）
1	GZ-1	组	300×8	1	2643.59	2643.59
2	GZ-2	组	300×6	1	1755.17	1755.17
3	GL-1	组	L90×8	2	631.34	1262.68
4	GZ-3	组	300×6	2	750.57	1501.14
5	GT-1	组		2	70.5+59.2	259.4
6	10kV 支架 a	个	300×6	2	231.52	463.04
	10kV 支架 b	个	300×6	2	240.22	480.44
合计：8.365 t						

说明：1. 本图平面尺寸以mm为单位，标高以m为单位，±0.00为室外场地标高。

2. 所有铁件除注明外均沿连接周边满焊，焊缝高度h_f=8mm，设备支架均采用热镀锌防腐，铁件接头处均需刷（喷）锌防腐处理，钢材Q235B，焊条E43。

3. 支架施工前请与电气人员核对支架方位。

4. 所有支架柱均设双接地板。

5. 所有支架基础均设有电气埋管，施工时请与电气人员配合。

6. 防火墙上爬梯参照15J401《钢梯》制作，爬梯护笼参照鼠笼制作。

图 6-17　HE-110-A1-1 主变压器区透视图

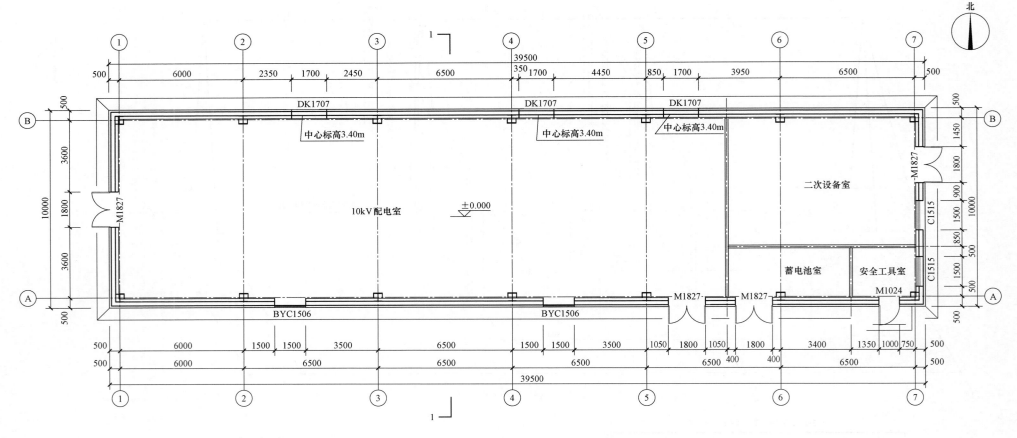

门 窗 表

类型	设计编号	洞口尺寸 （mm）	数量	备注
普通门	M1024	1000×2400	1	钢质防盗门
	M1827	1800×2700	4	钢质防盗门下部设通风百叶，有效面积0.5m²
普通窗	BYC1506	1500×600	2	铝合金防飘雨百叶窗，墙体内侧加装不锈钢丝网，孔径6mm，丝径1.2m
	C1515	1500×1500	2	
洞口	DK1707	1700×700	3	母线穿墙套管预留洞，电气隔板安装完后两侧喷防火涂料，耐火时限不小于3小时

说明：建筑外墙要求厂家在做二次设计时考虑墙梁排版及开洞加固等问题。

图 6-18 HE-110-A1-1 A1 配电室平面图

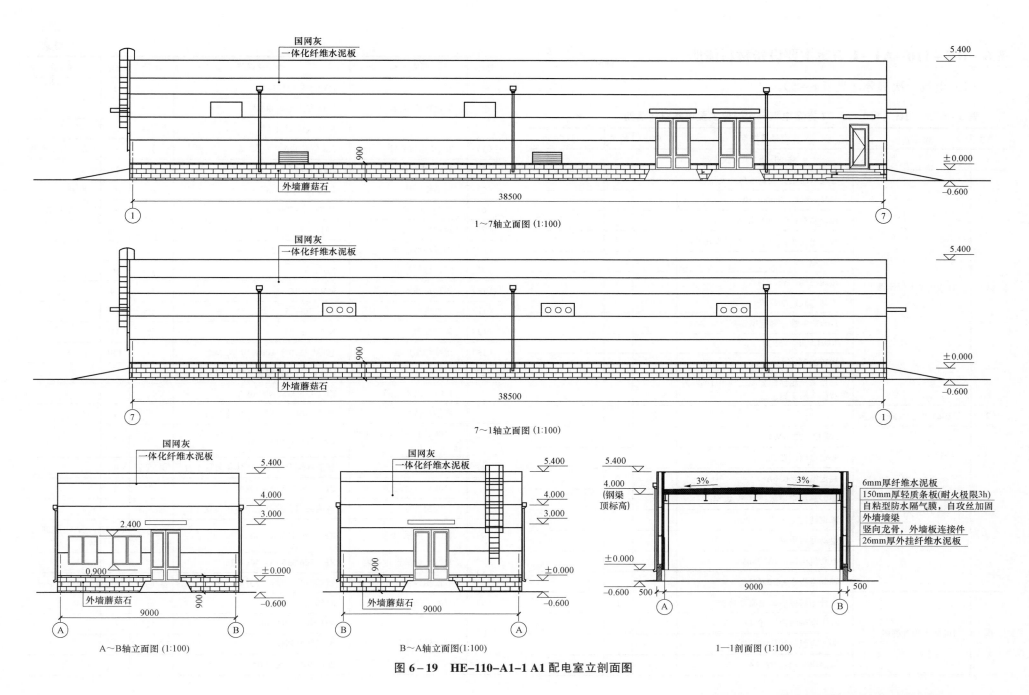

国网灰
一体化纤维水泥板

5.400

900

±0.000

外墙蘑菇石

38500

−0.600

① 1～7轴立面图 (1:100) ⑦

国网灰
一体化纤维水泥板

5.400

900

±0.000

外墙蘑菇石

38500

−0.600

⑦ 7～1轴立面图 (1:100) ①

国网灰
一体化纤维水泥板

5.400

4.000

3.000

2.400

0.900

±0.000

900

外墙蘑菇石

9000

−0.600

Ⓐ A～B轴立面图 (1:100) Ⓑ

国网灰
一体化纤维水泥板

5.400

4.000

3.000

900

±0.000

外墙蘑菇石

9000

−0.600

Ⓑ B～A轴立面图(1:100) Ⓐ

5.400

4.000
(钢梁
顶标高)

3%   3%

6mm厚纤维水泥板
150mm厚轻质条板(耐火极限3h)
自粘型防水隔气膜，自攻丝加固
外墙墙梁
竖向龙骨，外墙板连接件
26mm厚外挂纤维水泥板

±0.000

−0.600   500   9000   500

Ⓐ 1—1剖面图 (1:100) Ⓑ

图 6–19 HE–110–A1–1 A1 配电室立剖面图

6.6 HE-110-A1-1 方案主要设备材料清册

（1）电气一次部分（见表6-5）。

表6-5　　HE-110-A1-1方案电气一次部分主要设备材料清册

序号	设备名称	型号及规范	单位	数量	备注
1	主变压器及其附属装置				
（1）	110kV 电力变压器	三相双绕组有载调压自冷变压器	台	2	
		型号 SZ11-50000/110			
		额定容量：50/50MVA			
		额定电压比：110±8×1.25%/10.5 kV			
		阻抗电压：$U_{d\%}=17$			
		接线组别：YN d11			
		冷却方式：ONAN			
		110kV 中性点套管电流互感器2只			
		300/1A 5P30/5P30			
		10VA/10VA			
		每台主变压器配智能组件柜1面，内置智能终端1台			
（2）	110kV 中性点成套装置		套	2	
①	交流单相隔离开关	GW13-72.5(W)	台	1	
		额定电压：72.5kV			
		额定电流：630A			
		额定热稳定电流：31.5kA，4s			
		额定动稳定电流：80kA			
		电动并可手动			
		电动机电压：AC 380V			
		控制电压：AC 220V			
②	10kV 电流互感器	户外干式电磁式电流互感器	台	1	
		额定准确级次：5P30/5P30			
		额定容量：30VA/25VA			
		额定电流比：300/1A			

序号	设备名称	型号及规范	单位	数量	备注
③	氧化锌避雷器	HY1.5W-60/144W	支	1	
		2ms 方波电流 600A			
		配在线监测仪			
（3）	20kV 穿墙套管	20kV/4000A	只	6	加长型,铜导体
（4）	35kV 支柱绝缘子	ZSW-40.5/6	支	24	
（5）	钢芯铝绞线	JL/G1A-300/25	m	160	跨线
（6）	钢芯铝绞线	JL/G1A-300/25	m	80	设备引线
（7）	矩形铜母线	TMY-100×10	m	130	
（8）	铜母线伸缩节	MST-125×10	套	24	
（9）	矩形母线间隔垫	MJG-03	套	60	
（10）	矩形母线固定金具	MWP-203	套	24	
（11）	T型线夹	TY-300/25	套	12	
（12）	耐张线夹	NY-300/25	套	12	
（13）	绝缘热缩护套	10kV 适用于100×10铜母线	m	130	
2	110kV屋外配电装置（户外GIS，内桥接线）				
（1）	110kV 出线间隔	ZF-126/3150A-40kA	个	2	
	智能组件柜	智能终端合并单元一体化装置2台	面/间隔	1	
（2）	110kV 主变压器进线间隔	ZF-126/3150A-40kA.3s	个	2	
	智能组件柜	智能终端合并单元一体化装置1台	面/间隔	1	
（3）	110kV 内桥间隔	ZF-126/3150A-40kA	个	1	
	智能组件柜	智能终端合并单元一体化装置2台	面/间隔	1	
（4）	110kV 内桥间隔	ZF-126/3150A-40kA.3s	个	1	含可拆卸导体
（5）	110kV 母线设备间隔	ZF-126/3150A-40kA.3s	个	2	
	智能组件柜	智能终端1台，合并单元1台	面/间隔	1	
（6）	110kV GIS 主母线	3150A	m	3	
（7）	氧化锌避雷器	YH10W-102/266	只	6	
		配在线监测仪			
		2ms 方波电流 600A			

序号	设备名称	型号及规范	单位	数量	备注
（8）	盘式防污绝缘子	XWP－70	片	108	
（9）	110kV 电容式电压互感器	电压比：$\dfrac{110}{\sqrt{3}}\Big/\dfrac{0.1}{\sqrt{3}}\Big/\dfrac{0.1}{\sqrt{3}}\Big/\dfrac{0.1}{\sqrt{3}}\Big/0.1$kV	支	6	
		0.2/0.5(3P)/0.5(3P)/3P			
		10VA/10VA/10VA/10VA			
（10）	钢芯铝绞线	JL/G1A－300/25	m	120	设备连引线
（11）	T 型线夹	TY－300/25	套	12	
（12）	耐张线夹	NY－300/25	套	12	
3	10kV 屋内配电装置（配极柱固封式真空断路器）				
（1）	进线开关柜	KYN －12	面	2	
		额定电压：12kV			
		额定电流：4000A			
		额定开断电流：40kA			
		额定动稳定电流：100kA			
		额定热稳定电流：40kA，3s			
（2）	进线隔离柜	KYN －12	面	2	
		额定电压：12kV			
		额定电流：4000A			
		额定动稳定电流：100kA			
		额定热稳定电流：40kA，3s			
（3）	分段断路器柜	KYN －12	面	1	
		额定电压：12kV			
		额定电流：4000A			
		额定开断电流：40kA			
		额定动稳定电流：100kA			
		额定热稳定电流：40kA，3s			
（4）	分段隔离柜	KYN －12	面	2	
		额定电压：12kV			
		额定电流：4000A			

序号	设备名称	型号及规范	单位	数量	备注
（4）	分段隔离柜	额定动稳定电流：100kA			
		额定热稳定电流：40kA，3s			
（5）	母线设备柜	KYN －12	面	2	
		额定电压：12kV			
		额定动稳定电流：80kA			
		额定热稳定电流：31.5kA，3s			
		JDZX－10 3 台			
		$\dfrac{10}{\sqrt{3}}\Big/\dfrac{0.1}{\sqrt{3}}\Big/\dfrac{0.1}{\sqrt{3}}\Big/\dfrac{0.1}{\sqrt{3}}\Big/0.1$kV			
		0.2/0.5(3P)/0.5(3P)/3P			
		YH5WZ－17/45 3 只			
		2ms 方波电流 600A			
（6）	馈线开关柜	KYN －12	面	24	
		额定电流：1250A			
		额定开断电流：31.5kA			
		额定动稳定电流：80kA			
		额定热稳定电流：31.5kA，3s			
（7）	电容器开关柜	金属铠装移开式高压开关柜	面	4	
		参数同出线柜			
（8）	接地变开关柜	金属铠装移开式高压开关柜	面	2	
		参数同出线柜			
（9）	封闭母线桥	12kV 4000A，40kA，3s	m	24	
（10）	开关柜检修小车	1000mm	台	2	
（11）	开关柜检修小车	800mm	台	4	
（12）	开关柜接地小车	1000mm，4000A	台	2	上断口接地
（13）	开关柜接地小车	800mm，1250A	台	2	上、下断口接地各一台
4	10kV 无功补偿成套装置				
（1）	5000kvar 无功补偿成套装置	TBB10－5000/417－ACW	套	2	

序号	设备名称	型号及规范	单位	数量	备注
①	电容器	BAM11/$\sqrt{3}$ –417–1W	台	12	
②	10kV 空心串联电抗器	CKDK–10–83.4/0.318–5	台	3	
③	放电线圈	FDGE–(11/$\sqrt{3}$+11/$\sqrt{3}$)–4.0–1W	台	3	
④	氧化锌避雷器	YH5WR–17/45	只	3	
		2ms 方波电流 600A			
⑤	隔离开关	GW4–12DW/1250A–4(四极联动)	组	1	
⑥	10kV 支持绝缘子	ZSW–15/4	只		以实际为准
⑦	铜母线	TMY–50×4	m		以实际为准
⑧	绝缘热缩护套		m		以实际为准
⑨	绝缘盒		套		以实际为准
⑩	网栏	网孔不大于 20×20mm²	m²	31	
(2)	3000kvar 成套无功补偿装置	TBB10–3000/334–AKW	套	2	
①	电容器	BAM11/$\sqrt{3}$ –334–1W	台	9	
②	10kV 空心串联电抗器	CKDK–10–50.1/0.318–5	台	3	
③	放电线圈	FDGE11/$\sqrt{3}$ –4.0–1W	台	3	
④	氧化锌避雷器	Y5WR–17/45	只	3	
		2ms 方波电流 600A			
⑤	隔离开关	GW4–12DW/1250A–4(四极联动)	组	1	
⑥	10kV 支持绝缘子	ZSW–15/4	只		以实际为准
⑦	铜母线	TMY–50×4	m		以实际为准
⑧	绝缘热缩护套		m		以实际为准
⑨	绝缘盒		套		以实际为准
⑩	网栏	网孔不大于 20×20mm²	m²	30	
5	站用电及低压电缆				
	户外箱式接地变压器消弧线圈成套装置		套	2	
①	10kV 接地变压器	DKSC–400/10.5–100/0.4	台	1	
		10.5±2×2.5%/0.4			

序号	设备名称	型号及规范	单位	数量	备注
①	10kV 接地变压器	ZN，yn1			
		$U_d\%=4$			
②	氧化锌避雷器	YH5WZ–10/27	支	1	
		2ms 方波 600A			
③	12kV 单极隔离开关	GN19–12	极	1	
		400A			
④	10kV 电压互感器	JDZJ–10Q	台	1	
		10/$\sqrt{3}$ /0.1kV 0.5 级 30VA			
⑤	10kV 消弧线圈	XHDCZ–315/10.5	台	1	
		15～52A 9 档			

（2）电气二次部分（见表6–6）。

表6–6 HE–110–A1–1方案电气二次部分主要设备材料清册

序号	设备名称	规格型号	单位	数量	备注
1	智能变电站计算机监控系统				
(1)	监控主机兼数据服务器柜		面	1	二次设备室
①	监控主机兼数据服务器兼操作员站	含安装系统软件及管理软件、应用软件，包括分析测试软件、AVQC、小电流接地选线、嵌入式防误闭锁软件、操作票专家系统、一键顺控模块等	台	2	
②	液晶显示器		台	1	
③	高级功能及一体化信息软件	含顺序控制、智能告警及故障信息综合分析决策、设备状态可视化、支撑经济运行化控制、源端维护等功能	套	1	
④	网络打印机	A3、A4 均能打印	台	1	
⑤	工具软件	含系统配置工具、模型校核工具	套	1	
⑥	防误软件		套	1	
⑦	操作票专家系统软件		套	1	
⑧	电脑钥匙及充电器		套	1	
⑨	"五防"锁具		套	1	

序号	设备名称	规格型号	单位	数量	备注
（2）	智能防误主机柜		面	1	二次设备室
（3）	Ⅰ区数据通信网关机柜		面	1	二次设备室
①	Ⅰ区数据通信主机兼图形网关机		台	2	
②	Ⅰ区交换机	24电，4光	台	4	双网，2台安装于二次设备室Ⅰ区数据通信网关机柜，2台安装于预制舱交换机柜
（4）	Ⅱ区数据通信网关机柜		面	1	二次设备室
①	Ⅱ区数据通信网关机		台	1	
②	Ⅱ区交换机	24电，4光	台	2	双网
③	防火墙		台	2	组屏Ⅱ区数据网关机柜，双网
（5）	综合应用服务器及Ⅳ交换机机柜		面	1	二次设备室
①	综合应用服务器		台	1	
②	Ⅳ区交换机		台	1	
③	正向隔离装置		台	1	
④	反向隔离装置		台	1	
⑤	显示器		台	1	
（6）	公用测控柜	含公用测控装置2台	面	1	二次设备室
（7）	110kV母线测控及公用测控柜		面	1	预制舱
①	公用测控装置		台	1	
②	母线测控装置		台	2	
（8）	交换机柜		面	1	预制舱，预留2台Ⅰ区站控层交换机安装位置

序号	设备名称	规格型号	单位	数量	备注
①	间隔层交换机	24电，4光	台	2	双网，110kV间隔层交换机
②	过程层中心交换机	18个百兆口，4个千兆口	台	4	
（9）	主变压器测控柜（每面含）		面	2	预制舱
①	主变压器高压测控装置		台	1	
②	主变压器低压测控装置		台	1	
③	主变压器本体测控装置		台	1	
（10）	110kV线路测控柜	含110kV线路测控装置2台，预留1台线路测控装置位置	面	1	预制舱
（11）	110kV内桥保护测控柜	含内桥保护测控装置1台	面	1	预制舱
（12）	10kV部分				
①	10kV线路保护测控装置		台	24	安装于开关柜
②	10kV分段保护测控装置		台	1	安装于开关柜
③	10kV备用电源自动投入装置		台	1	安装于开关柜
④	10kV电容器保护测控装置		台	4	安装于开关柜
⑤	10kV站用变压器保护测控装置		台	2	安装于开关柜
⑥	10kV母线电压并列装置	包含母线失压继电器2只	台	2	10kV分段隔离柜
⑦	10kV母线测量装置		台	2	TV柜
⑧	10kV间隔层交换机	22电口、2光口，220V DC	台	4	TV柜，双网
⑨	10kV公用测控柜	含10kV公用测控装置2台	面	1	10kV配电室
（13）	网络记录分析柜		面	1	预制舱
（14）	Ⅱ型网络安全监测装置		台	1	组屏Ⅱ区数据网关机柜
（15）	多模铠装预制尾缆	4芯，8芯，12芯	m	2000	监控厂家供

序号	设备名称	规格型号	单位	数量	备注
（16）	屏蔽双绞线	DJVP2VP2/22－2X2X0.75	m	1500	监控厂家供
（17）	超五类以太网线		m	2000	监控厂家供
2	继电保护及安全自动装置				
（1）	主变压器保护柜（每面含）		面	2	预制舱
	主变压器保护装置	主后合一	台	2	
（2）	110kV 备自投装置		台	1	安装于预制舱 110kV 内桥保护测控柜
（3）	低频低压减载柜	预留 1 台安装位置	面	1	二次设备室
	低频低压减载装置		台	2	
3	过程层设备				
（1）	110kV 线路合智一体装置		台	4	线路智能控制柜
（2）	110kV 桥开关合智一体装置		台	2	桥智能控制柜
（3）	主变压器 110kV 主进合智一体装置		台	4	主进智能控制柜
（4）	主变压器 10kV 主进合智一体装置		台	4	10kV 主进开关柜
（5）	主变压器本体智能终端		台	2	本体智能控制柜
（6）	110kV TV 合并单元		台	2	110kV TV 智能控制柜
（7）	110kV TV 智能终端		台	2	110kV TV 智能控制柜
4	公用系统				
（1）	火灾报警系统	含主机箱 1 面（壁挂安装）及相应设备	套	1	
	线缆保护管	镀锌钢管 φ32	m	400	乙供
（2）	智能辅助控制系统柜	含摄像头、电子围栏、门禁装置等	面	1	二次设备室
①	视频子系统	含视频监视主机柜 1 面、网络摄像头、全景摄像机	套	1	

序号	设备名称	规格型号	单位	数量	备注
②	安全警卫子系统	脉冲电网，红外对射报警 5 对，红外双鉴探测器	套	1	
③	门禁子系统		套	1	
④	环境监测子系统	温湿度传感器、水浸传感器	套	1	
⑤	智能灯光控制子系统		套	1	
⑥	线缆保护管	镀锌钢管 φ32	m	500	乙供
（3）	调度数据网柜（每面含）		面	2	二次设备室
①	路由器		台	1	
②	交换机		台	2	
③	纵向加密认证装置		台	2	
④	空屏柜		面	1	乙供
（4）	电能计量部分				
①	智能电能表	0.5S 级，57.7V、0.3A，数字量，三相四线	块	2	主变压器高压侧，组电能表及电量采集柜
②	智能电能表	0.5S 级，100V、0.3A，数字量，三相四线	块	2	主变压器低压侧，组电能表及电量采集柜
③	智能电能表	0.5S 级，57.7V、0.3A，数字量，三相四线	块	2	110kV 线路，组电能表及电量采集柜
④	智能电能表	0.5S 级，100V、0.3A，模拟量，三相四线	块	30	10kV 线路、电容器、站用变压器间隔
（5）	防火墙		台	1	安装于综合数据网
5	光电缆及材料				
（1）	控制电缆		m	10000	
①	阻燃屏蔽控制电缆	KVVP2，4，7，ZRA，22	m	320	
②	阻燃屏蔽控制电缆	KVVP2，2.5，4，ZRA，22	m	3510	
③	阻燃屏蔽控制电缆	KVVP2，2.5，7，ZRA，22	m	2400	
④	阻燃屏蔽控制电缆	KVVP2，1.5，10，ZRA，22	m	420	

序号	设备名称	规格型号	单位	数量	备注
⑤	耐火屏蔽控制电缆	KVVP2，4，4，NH，22	m	2500	
⑥	耐火屏蔽控制电缆	KVVP2，2.5，4，NH，22	m	300	
⑦	耐火屏蔽控制电缆	KVVP2，2.5，8，NH，22	m	550	
（2）	多模铠装双端预制光缆		根	36	
		12芯，70m/根	根	6	
		12芯，50m/根	根	7	
		12芯，40m/根	根	11	
		12芯，30m/根	根	8	
		12芯，20m/根	根	4	
（3）	免熔接光纤接线盒		套	40	
		12－1×12	套	13	
		24－2×12	套	11	
		36－3×12	套	4	
		48－4×12	套	12	
（4）	光缆槽盒（耐火复合型）	200×100	m	200	乙供
（5）	2M同轴电缆	SYV22 75－2－2×8	m	150	乙供
（6）	接地铜缆	100mm²	m	300	乙供
（7）	黄绿塑料软线	4mm²	m	400	乙供，控制电缆屏蔽接地
（8）	低压电力电缆	YJV－1×150，0.6/1kV	m	50	蓄电池出口
（9）	低压电力电缆	NH－YJV22－0.6/1.0kV 2×16mm²	m	150	二次设备室至预制舱直流分电柜
6	预制舱				
（1）	II型二次设备预制舱	9200mm×2800mm×3200mm	座	1	长边单开门
	含集中接线柜		面	1	
（2）	电能采集柜		面	1	预制舱成套

序号	设备名称	规格型号	单位	数量	备注
	电能量采集终端		台	1	
（3）	交直流一体化电源				预制舱成套
①	交流电源柜	含智能进线开关模块2台，64路交流馈线，交流监控模块	面	3	二次设备室
②	380V智能电能表	三相四线制0.5S模拟量	只	2	
③	直流充电柜	屏内含6×20A高频开关电源1套	面	1	二次设备室
④	直流馈线柜	单母接线，辐射供电	面	2	二次设备室
⑤	直流分电柜		面	1	预制舱
⑥	蓄电池组	DC 220V，400Ah、2V、104只	组	1	蓄电池室，含支架
⑦	UPS电源柜	含7.5kVA不间断电源1台	面	1	二次设备室
⑧	通信电源柜	6×30A DC/DC（220/－48V）模块电源1套，馈线开关等	面	1	二次设备室
（4）	时间同步系统		套	1	与预制舱成套
①	时间同步系统柜	含时间同步装置2台，时间扩展装置1台	面	1	二次设备室
②	时间同步扩展柜	含时间扩展装置1台	面	1	预制舱
（5）	故障录波柜	故障录波装置1台	面	1	预制舱成套

6.7 HE－110－A1－1方案图纸通用性说明

（1）电气一次。

电气一次部分共有9卷图纸，72张图。其中完全可通用的31张，微调可通用31张，合计通用62张，不可通用10张。微调可通用是指在原位置替换厂家设备图纸即可，主要是指对主变压器、开关柜等外形结构变化不大的设备进行替换；不可通用是针对组合电器、110kV中性点设备因为厂家不同结构差异较大的，消弧线圈等设备因为工程不同参数不同的情况，不能应用通用图纸需要根据厂家资料绘制图纸。具体的图纸通用性说明见表6－7。

表 6-7　　　　　　　　　　　　　　　　　　HE-110-A1-1 方案电气一次图纸通用性说明

卷册	完全通用	微调通用	微调原因	不可通用	不可通用原因
总的部分 (5 张图)	—	① D0101-01 总卷册施工说明 ② D0101-02 主要设备材料清册 ③ D0101-03 电气主接线图 ④ D0101-04 电气总平面布置图	设备型号、外形不同	D0101-05 短路电流计算	接入系统不同,不具有通用性
110kV 配电装置部分 (16 张图)	① D0102-10 XW2-1 型检修电源箱安装图 注:在本卷册所有图纸中接线、GIS 设备定位、二次电缆沟、架构挂点、出线形式等固定通用。 ② D0102-11 户外检修电源箱接线图 ③ D0102-13 9(XWP-70) V 型悬垂绝缘子串安装图 ④ D0102-14 9(XWP-70)绝缘子串组装图	① D0102-01 卷册施工设计说明 ② D0102-02 110kV GIS 电气主接线图 ③ D0102-03 110kV 屋内配电装置平面布置图 ④ D0102-09 110kV 组合电器 SF₆ 气室分割图 ⑤ D0102-12 YH10W-102/266(厂家名称) 氧化锌避雷器安装图 ⑥ D0102-15 TYD110/√3 -0.01H 电压互感器(厂家名称)安装图 ⑦ D0102-16 卷册主要设备材料表	厂家设备型号、外形不同,定位不变,微调后可通用	① D0102-04 110kV 屋外配电装置出线间隔断面图 ② D0102-05 110kV 屋外配电装置主变压器进线间隔断面图 ③ D0102-06 110kV 屋外配电装置母线设备间隔断面图 ④ D0102-07 110kV 屋外配电装置内桥间隔断面图 ⑤ D0102-08 母线相序布置图	厂家设计结构差异大
主变压器及附属设备安装部分 (12 张图)	① D0103-07 ZSW-24/12.5-4（厂家名称）安装图 ② D0103-08 20kV/4000A 穿墙套管安装图 ③ D0103-09 XW2-1 型检修电源箱安装图 ④ D0103-10 户外检修电源箱接线图 ⑤ D0103-11 主变压器智能组件柜安装图 注:在本卷册所有图纸中设备定位、架构挂点、出线形式等固定通用	① D0103-01 卷册施工设计说明 ② D0103-02 主变压器平面布置图 ③ D0103-03 主变压器进线间隔断面图 ④ D0103-04 主变压器 110kV 中性点间隔断面图 ⑤ D0103-06 主变压器间隔埋管布置图 ⑥ D0103-12 卷册主要设备材料表	厂家设备型号、外形不同,定位不变,微调后可通用	D0103-05 110kV 中性点成套设备型号（厂家名称）安装图	设备结构差异大,不可通用
10kV 屋内配电装置部分 (6 张图)	D0104-03 10kV 屋内配电装置平面布置图 注:在本卷册所有图纸中开关柜、10kV 公用测控柜、二次电缆沟、一次电缆沟的定位及尺寸、出线形式等固定通用	① D0104-01 卷册施工设计说明 ② D0104-02 10kV 配电装置接线图 ③ D0104-04 10kV 户内配电装置主进隔离柜-母线设备柜断面图 ④ D0104-05 10kV 户内配电装置主进开关柜-馈线开关柜断面图 ⑤ D0104-06 卷册主要设备材料表	厂家设备外形不同,定位不变,微调后可通用		
无功补偿部分 (5 张图)	D0105-02 并联电容器组平面布置图 注:电容器组的布置、二次电缆井、一次电缆沟的定位及尺寸等固定通用	① D0105-01 卷册施工设计说明 ② D0105-03 TBB10-3000/334-5% AKW 电容器组平断面图 ③ D0105-04 TBB10-5000/417-5% ACW 电容器组平断面图 ④ D0105-05 卷册主要设备材料表	厂家设备型号、外形不同,定位不变,微调后可通用		
接地变压器消弧线圈部分 (6 张图)	① D0106-04 380/220V 站用电配置接线图 ② D0106-05 交流负荷计算表 注:接地变压器的定位可通用	① D0106-01 卷册施工设计说明 ② D0106-02 接地变压器消弧线圈接线图 ③ D0106-06 卷册主要设备材料表	设备型号不同,微调后可通用	D0106-03 接地变压器消弧线圈成套装置安装图	工程不同,补偿容量不同,外形尺寸不同,不可通用
全站防雷接地部分 (9 张图)	① D0107-05 10kV 无功补偿装置接地埋管布置图 ② D0107-06 综合配电楼室内接地网布置图 ③ D0107-07 预制舱接地网布置图 ④ D0107-08 全站防雷保护图	① D0107-01 卷册施工设计 ② D0107-02 全站主接地网布置图 ③ D0107-04 主变压器及其附属设备接地网布置图 ④ D0107-09 卷册主要设备材料表	地质不同,设备接地位置及方式不同,微调后可通用	D0107-03 户外 GIS 接地网布置图	设备结构差异大,设备接地位置不同,不可通用

卷册	完全通用	微调通用	微调原因	不可通用	不可通用原因
全站动力照明部分 （7张图）	① D0108-01 卷册施工设计说明 ② D0108-02 照明、动力系统图 ③ D0108-03 全站室外照明布置图 ④ D0108-04 综合楼照明布置图 ⑤ D0108-05 附属房间照明布置图 ⑥ D0108-06 全站室外预埋管布置图 ⑦ D0108-07 卷册主要设备材料表				
电缆敷设及 防火封堵部分 （7张图）	① D0109-01 卷册施工设计说明 ② D0109-02 屋外电缆沟封堵平面图 ③ D0109-03 电缆贯穿配电盘管、孔洞封堵图 ④ D0109-04 电缆贯穿墙壁、沟壁孔洞封堵图 ⑤ D0109-05 室内、外缆沟交接(电缆穿管)防火封堵图 ⑥ D0109-06 电缆沟阻火墙施工图 ⑦ D0109-07 卷册主要设备材料表				

（2）土建。

土建部分共有 11 卷图纸，88 张图。其中完全可通用的 66 张，微调可通用 13 张，合计通用 79 张，不可通用 9 张。微调可通用是指在地震烈度、地基承载力、站内外高差、大门方向、给排水方式相差不大时适当修改图纸即可，主要是指土建总平面布置图、110kV GIS 基础、室外给排水管道布置安装图等图纸；不可通用是指受站址位置、地基承载力、站内外高差等原因具体外部情况不同而造成计算结果差异较大的，主要是指征地图、土方平整图、配电装置室结构施工图等，不能应用通用图纸需要根据具体工程绘制图纸。具体的图纸通用性说明见表 6-8。

表 6-8　　　　　　　　　　　　　　　　　　HE-110-A1-1 方案土建图纸通用性说明

卷册	完全通用	微调通用	微调原因	不可通用	不可通用原因
土建施工总说明及 卷册目录 （2张图/1说明）	① T0101-01 卷册目录 ② T0101-03 标准工艺应用清单	T0101-02 土建施工设计说明	需根据工程实际情况调整		
总平面布置图 （9张图）	① T0102-03 室外电缆沟施工图 ② T0102-04 1-1剖面图 ③ T0102-05 站内外一次电缆沟交接详图	① T0102-02 土建总平面布置图 ② T0102-06 围墙大门施工图 ③ T0102-07 围墙下电缆沟施工图	与进出线方向、建站大门方向有关	① T0102-01 征地图 ② T0102-08 土方平整图 ③ T0102-09 进站道路施工图	与站址位置、地形有关
配电装置室 建筑施工图 （8张图）	① T0201-01 建筑设计说明 ② T0201-02 配电装置室平面布置图 ③ T0201-03 配电装置室屋面排水图 ④ T0201-04 配电装置室立、剖面图 ⑤ T0201-05 配电室管沟平面布置图 ⑥ T0201-06 配电室设备基础平面布置图 ⑦ T0201-07 配电室沟道预留洞口布置图 ⑧ T0201-08 室内电缆沟及支架加工图				

卷册	完全通用	微调通用	微调原因	不可通用	不可通用原因
配电装置室结构施工图部分（7张图）		T0202－01 结构设计总说明	根据工程实际情况调整一些数据	① T0202－02 基础施工图 ② T0202－03 柱脚螺栓布置图 ③ T0202－04 一层结构平面布置图 ④ T0202－05 屋面板结构施工图 ⑤ T0202－06 钢筋桁架楼承板施工图 ⑥ T0202－07 梁柱节点详图	与站址地质、地震烈度有关
辅助用房建筑结构施工图（6张图）	① T0203－01 建筑设计说明 ② T0202－02 辅助用房建筑图	① T0202－03 结构设计说明 ② T0202－04 基础布置及详图 ③ T0202－05 结构布置及节点详图 ④ T0202－06 钢筋桁架楼承板施工图	根据工程实际情况调整一些数据		
GIS区设备基础及构支架施工图（18张图）	① T0301－03 构支架及设备基础设计说明 ② T0301－04 屋外架构透视图 ③ T0301－05 构架基础平面布置图 ④ T0301－06J－2J－3 基础图 ⑤ T0301－07 架构柱脚详图 ⑥ T0301－08 钢构件加工图 ⑦ T0301－09 钢构件加工图 ⑧ T0301－10 钢构件加工图 ⑨ T0301－11 钢构件加工图 ⑩ T0301－12 钢构件加工图 ⑪ T0301－13 钢构件加工图 ⑫ T0301－14 钢构件加工图 ⑬ T0301－15 钢构件加工图 ⑭ T0301－16 钢构件加工图 ⑮ T0301－17 钢构件加工图 ⑯ T0301－08－18 300 钢杆地脚螺栓及 J－1 基础图	① T0301－01 GIS 基础平面布置图 ② T0301－02 GIS 基础详图	依据设备厂家提供预埋槽钢及接地块微调使用		
主变压器区施工图（15张图）	① T0302－01 主变压器基础、油池及构支架平面布置图 ② T0302－02 主变压器构架轴测图 ③ T0302－03 主变压器构架及防火墙基础 ④ T0302－04 构架柱柱脚详图 ⑤ T0302－05 10kV 支架地脚螺栓及 J－3 基础图 ⑥ T0302－06 GZ－1 钢柱加工图 ⑦ T0302－07 GZ－2 钢柱加工图 ⑧ T0302－08 GL－1 钢梁图 ⑨ T0302－09 主变压器防火墙施工图 ⑩ T0302－10 GT－1 爬梯图 ⑪ T0302－11 鼠笼加工图 ⑫ T0302－12 10kV 进线支架加工图（a） ⑬ T0302－13 10kV 进线支架加工图（b） ⑭ T0302－14 主变压器基础及油池施工图 ⑮ T0302－15 智能柜、检修箱基础图				

卷册	完全通用	微调通用	微调原因	不可通用	不可通用原因
电容器/预制舱/接地变压器基础图（5张图）	① T0303-01 电容器基础 ② T0303-02 隔离开关支架图 ③ T0303-03 二次预制舱基础图 ④ T0303-04 接地变压器基础 ⑤ T0303-05 电缆井施工图				
独立避雷针施工图（4张图）	① T0304-01 避雷针组装图 ② T0304-02 BG1段加工图 ③ T0304-03 避雷针基础图 ④ T0304-04 避雷针与基础连接详图				
暖通部分（2张图）	① N0101-01 暖通设计说明 ② N0101-02 暖通平面布置图				
给排水及消防部分施工图部分（11张图）	① S101-01 给排水消防设计总说明 ② S101-03 事故油池图 ③ S101-04 事故油池图 ④ S101-05 事故油池图 ⑤ S101-06 事故油池图 ⑥ S101-07 事故油池图 ⑦ S101-08 附属房间给排水管道布置安装图 ⑧ S101-09 室内给排水材料表 ⑨ S101-10 消防配置表及生活设施 ⑩ S101-11 砖砌渗井图	S101-02 室外给排水管道布置安装图	跟现场的给排水条件有关		

第7章 HE-110-A2-4实施方案

7.1 HE-110-A2-4方案说明

本实施方案主要设计原则详见表7-1，与国网通用设计的主要差异如下：

（1）调整电容器室及工具间的排列顺序；电容器室内保留一次主沟，取消一次支沟；二次电缆敷设方式由直埋管调整管井结合的方式。

（2）二次设备室屏柜由竖向布置调整为横向布置，二次电缆沟采用环形布置。

（3）二次设备室尺寸由 9m×9m 调整为 9m×10m，GIS 室尺寸由 10m×12m 调整为 10m×13m，围墙内尺寸由 40m×91m 调整为 40m×92m。

（4）站内 110kV 电缆敷方式由电缆沟调整为管井结合的方式，进线侧 110kV 电缆缆敷方式可结合线路工程采用管井结合或隧道。

（5）根据《国家电网基建技术〔2021〕2号》，10kV 室外一次电缆沟由 1.2m×1.2m 调整为 1.4m×1.0m。

（6）根据国网河北电力要求，10kV 进线电流互感器布置于母线侧，主变压器进线增加一面进线隔离柜。

（7）根据河北南网实际需求，增加了低频低压减载装置。

7.2 HE-110-A2-4方案主要技术条件

HE-110-A2-4方案主要技术条件见表7-1。

表 7-1　　　　　　　　　HE-110-A2-4 方案主要技术条件表

序号	项目		技术条件	与国网通用设计的差异
1	建设规模	主变压器	本期 2 台 50MVA，远期 3 台 50MVA	无
		出线	110kV：本期 2 回，远期 3 回； 10kV：本期 28 回，远期 42 回	无
		无功补偿装置	每台变压器配置 10kV 电容器 2 组	无
2	站址基本条件		海拔小于 1000m，设计基本地震加速度 0.15g，设计风速不大于 27m/s，地基承载力特征值 $f_{ak}=120$kPa，无地下水影响，场地同一设计标高	无
3	电气主接线		110kV 本期采用内桥接线，远期采用扩大内桥接线； 10kV 本期采用单母线三分段接线，远期采用单母线四分段接线	无
4	主要设备选型		110kV 和 10kV 短路电流控制水平分别为 40kA、31.5kA； 主变压器选用三相两绕组低损耗油浸自冷式有载调压变压器； 110kV：户内 GIS； 10kV：户内空气绝缘开关柜，配置真空断路器； 10kV 电容器：框架式成套装置； 10kV 消弧线圈接地变压器成套装置：户内干式	无
5	电气总平面及配电装置		主变压器：户内布置； 110kV：户内 GIS； 10kV：户内高压开关柜双列布置； 10kV 电容器：框架式成套装置	无
6	二次系统		全站采用模块化二次设备、预制式智能控制柜及预制光电缆的二次设备模块化设计方案； 变电站自动化系统按照一体化监控设计； 采用常规互感器+合并单元； 110kV GOOSE 与 SV 共网，保护直采直跳； 110kV 主变压器采用保护、测控独立装置，110kV 桥保护采用保测集成装置，10kV 采用保测计集成装置； 采用一体化电源系统，通信电源不独立设置； 间隔层设备下放布置，公用及主变压器二次设备布置在二次设备室	根据河北南网实际需求，增加了低频低压减载装置
7	土建部分		围墙内占地面积 0.3680hm²； 全站总建筑面积 1180m²； 建筑物结构型式为钢结构； 建筑物外墙板采用铝镁锰板，内隔墙板采用纤维水泥板和轻质条板。楼板、屋面形式采用自承式钢筋桁架底模现浇钢筋混凝土板； 围墙采用大砌块围墙	围墙内占地面积 0.3640hm²； 全站总建筑面积 1111m²

7.3　HE-110-A2-4 方案卷册目录

（1）电气一次（见表 7-2）。

表 7-2　　　　　　　HE-110-A2-4 方案电气一次卷册目录

序号	卷册编号	卷册名称
1	HE-110-A2-4-D0101	总图部分
2	HE-110-A2-4-D0102	110kV 配电装置部分
3	HE-110-A2-4-D0103	主变压器及附属设备安装部分
4	HE-110-A2-4-D0104	10kV 屋内配电装置部分
5	HE-110-A2-4-D0105	无功补偿部分
6	HE-110-A2-4-D0106	接地变压器消弧线圈部分
7	HE-110-A2-4-D0107	全站防雷接地部分
8	HE-110-A2-4-D0108	全站动力照明部分
9	HE-110-A2-4-D0109	电缆敷设及防火封堵部分

（2）电气二次（见表 7-3）。

表 7-3　　　　　　　HE-110-A2-4 方案电气二次卷册目录

序号	卷册编号	卷册名称
1	HE-110-A2-4-D0201	二次系统施工图设计说明及设备材料清册
2	HE-110-A2-4-D0202	公用设备二次线
3	HE-110-A2-4-D0203	变电站自动化系统
4	HE-110-A2-4-D0204	主变压器保护及二次线
5	HE-110-A2-4-D0205	110kV 部分保护及二次线
6	HE-110-A2-4-D0206	故障录波及网络记录分析系统
7	HE-110-A2-4-D0207	10kV 二次线
8	HE-110-A2-4-D0208	时间同步系统
9	HE-110-A2-4-D0209	一体化电源系统
10	HE-110-A2-4-D0210	辅助控制系统
11	HE-110-A2-4-D0211	火灾报警系统

（3）土建（见表7-4）。

表7-4 **HE-110-A2-4方案土建卷册目录**

序号	卷册编号	卷册名称
1	HE-110-A2-4-T0101	土建施工设计总说明及卷册目录
2	HE-110-A2-4-T0102	总图部分施工图
3	HE-110-A2-4-T0201	配电装置室建筑施工图
4	HE-110-A2-4-T0202	配电装置室结构施工图
5	HE-110-A2-4-T0203	辅助用房建筑结构施工图
6	HE-110-A2-4-T0204	消防泵房施工图
7	HE-110-A2-4-N0101	暖通部分
8	HE-110-A2-4-S0101	给排水施工图

续表

序号	卷册编号	卷册名称
9	HE-110-A2-4-S0102	消防部分施工图
10	HE-110-A2-4-S0103	事故油池施工图

7.4 HE-110-A2-4方案三维模型

HE-110-A2-4方案总装模型见图7-1，主设备区模型见图7-2。

7.5 HE-110-A2-4方案主要图纸

HE-110-A2-4方案主要图纸见图7-3～图7-19。

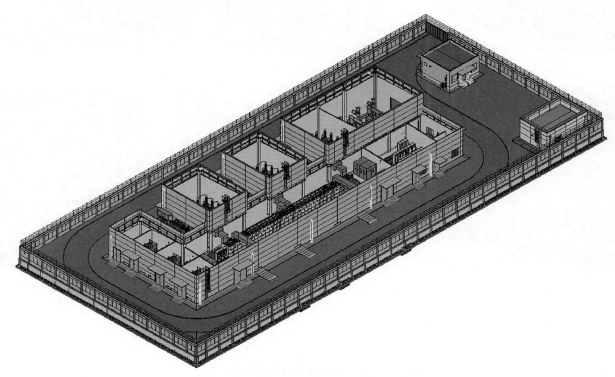

图7-1 HE-110-A2-4方案总装模型

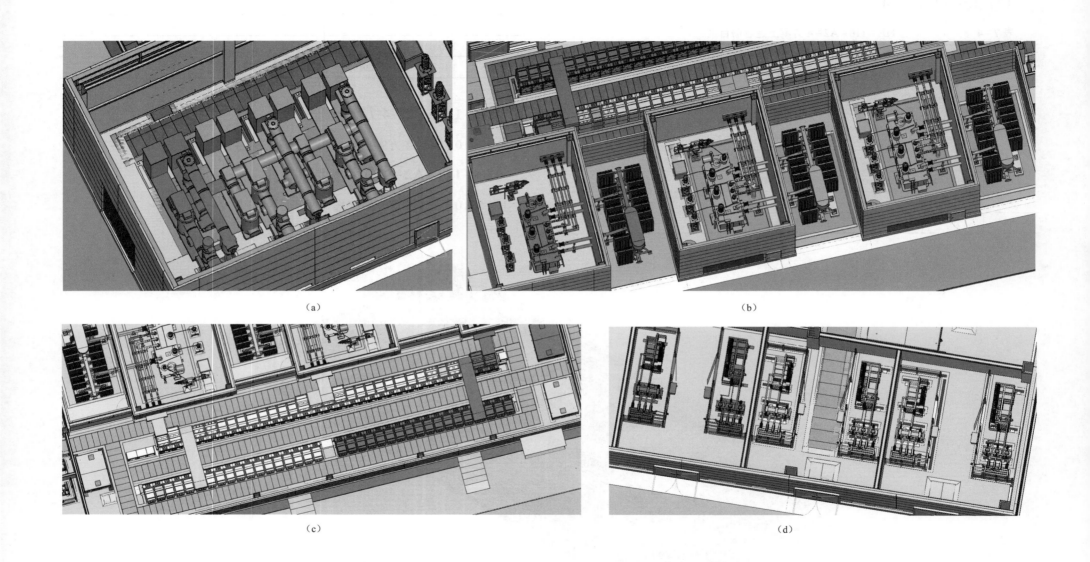

（a）

（b）

（c）

（d）

图 7-2　HE-110-A2-4 方案设备区模型
（a）110kV GIS 区模型； （b）主变压器区模型； （c）10kV 开关柜模型； （d）10kV 电容器区模型

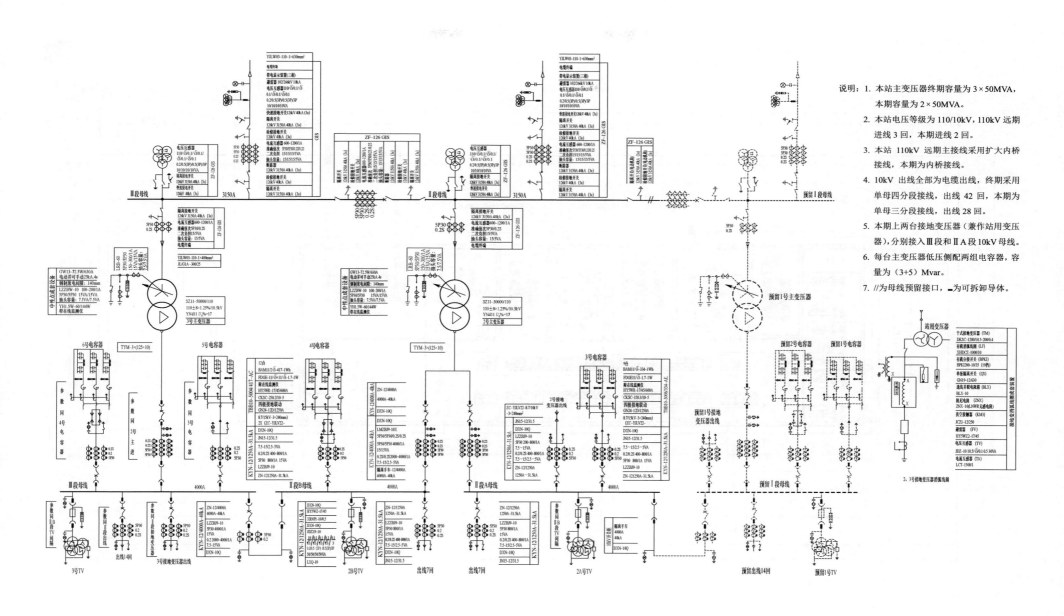

说明：
1. 本站主变压器终期容量为 3×50MVA，本期容量为 2×50MVA。
2. 本站电压等级为 110/10kV，110kV 远期进线 3 回，本期进线 2 回。
3. 本站 110kV 远期主接线采用扩大内桥接线，本期为内桥接线。
4. 10kV 出线全部为电缆出线，终期采用单母四分段接线，出线 42 回，本期为单母三分段接线，出线 28 回。
5. 本期上两台接地变压器（兼作站用变压器），分别接入Ⅲ段和ⅡA段10kV母线。
6. 每台主变压器低压侧配两组电容器，容量为（3+5）Mvar。
7. // 为母线预留接口，▬ 为可拆卸导体。

图 7−3　HE−110−A2−4 电气主接线图

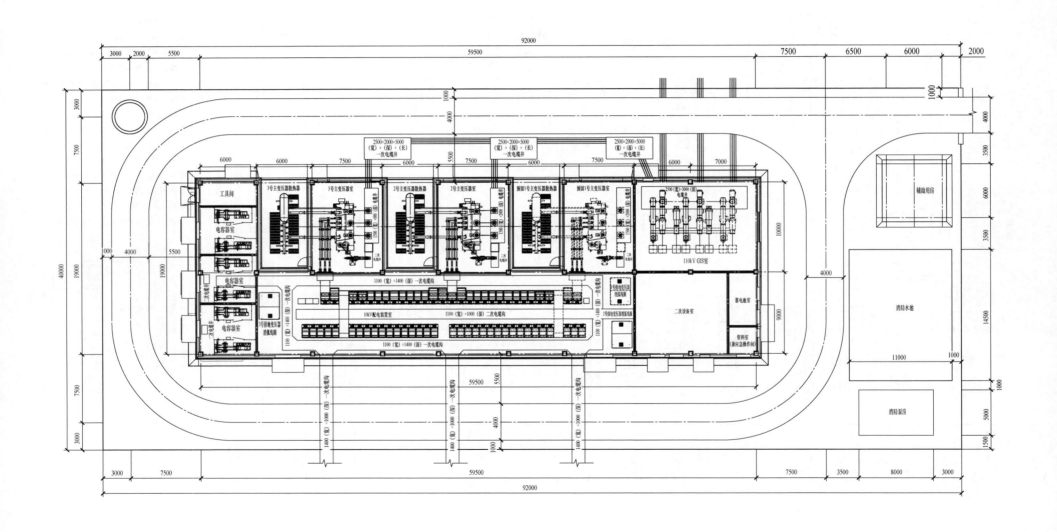

图 7-4　HE-110-A2-4 电气总平面布置图

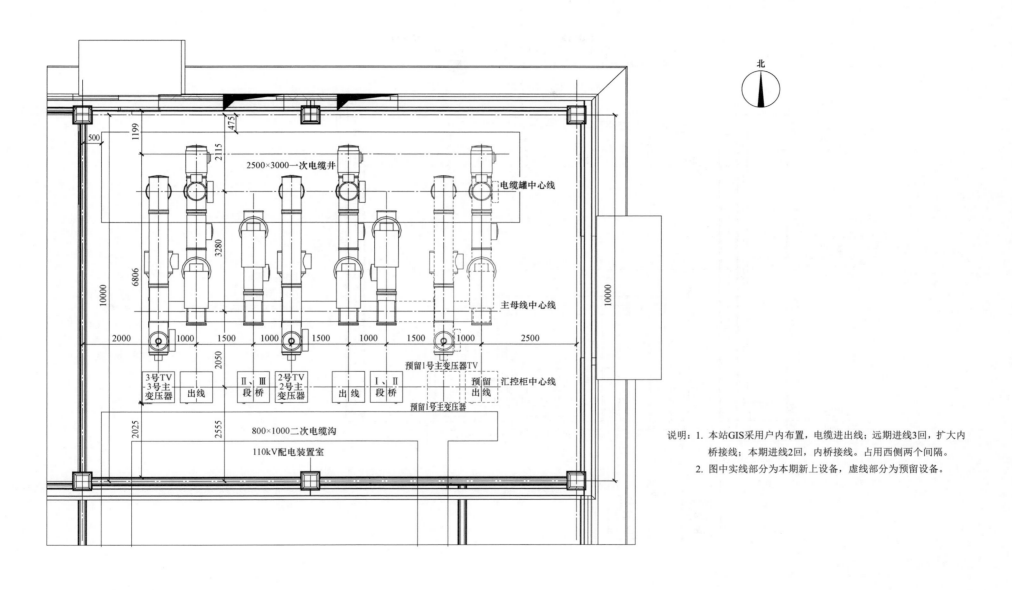

说明：1. 本站GIS采用户内布置，电缆进出线；远期进线3回，扩大内桥接线；本期进线2回，内桥接线。占用西侧两个间隔。

2. 图中实线部分为本期新上设备，虚线部分为预留设备。

图 7-5 HE-110-A2-4 110kV 屋内配电装置平面布置图

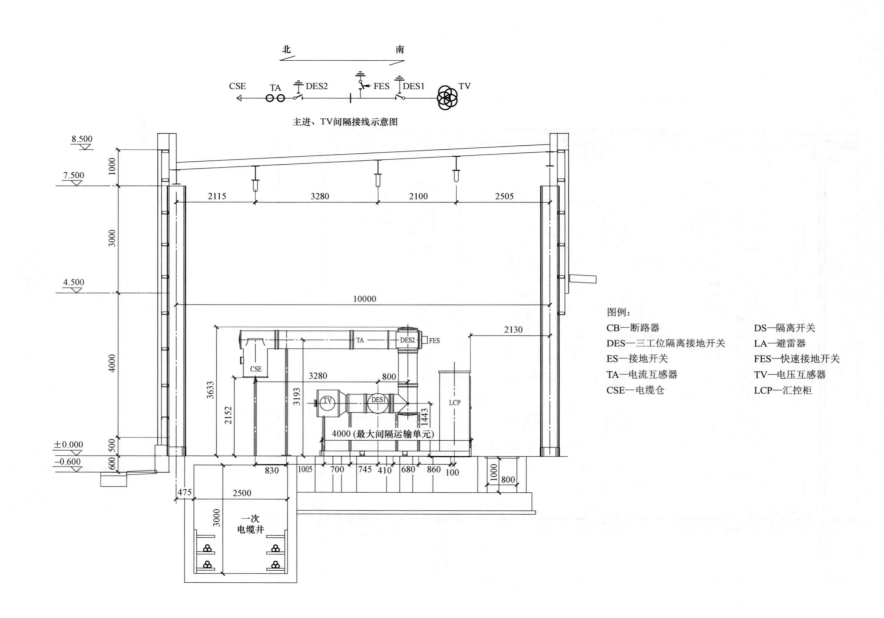

北 南

CSE TA DES2 FES DES1 TV

主进、TV间隔接线示意图

图例:
CB—断路器   DS—隔离开关
DES—三工位隔离接地开关   LA—避雷器
ES—接地开关   FES—快速接地开关
TA—电流互感器   TV—电压互感器
CSE—电缆仓   LCP—汇控柜

图 7-6　HE-110-A2-4 110kV 屋内配电装置主变压器进线间隔断面图

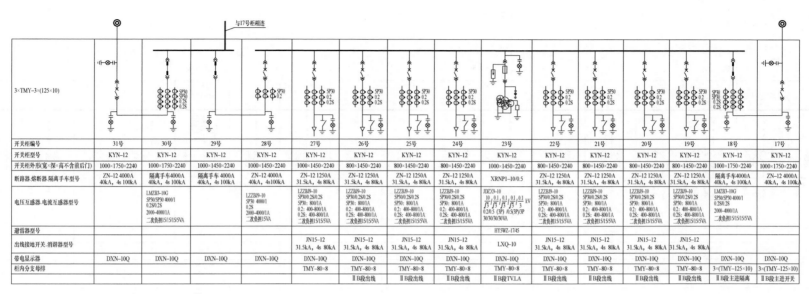

3×TMY-3×(125×10)　　与17号柜相连

开关柜编号	31号	30号	29号	28号	27号	26号	25号	24号	23号	22号	21号	20号	19号	18号	17号
开关柜型号	KYN-12	KYN-12	KYN-12	KYN-12	KYN-12	KYN-12	KYN-12	KYN-12	KYN-12	KYN-12	KYN-12	KYN-12	KYN-12	KYN-12	KYN-12
开关柜外形尺寸(宽×深×高不含前后门)	1000×1750×2240	1000×1750×2240	1000×1450×2240	1000×1450×2240	1000×1450×2240	800×1450×2240	800×1450×2240	800×1450×2240	1000×1450×2240	800×1450×2240	800×1450×2240	800×1450×2240	800×1450×2240	1000×1750×2240	1000×1750×2240
断路器.熔断器.隔离手车型号	ZN-12 4000A 40kA, 4s 100kA	隔离手车4000A 40kA, 4s 100kA	隔离手车4000A 40kA, 4s100kA	ZN-12 4000A 40kA, 4s 100kA	ZN-12 1250A 31.5kA, 4s 80kA	ZN-12 1250A 31.5kA, 4s 80kA	ZN-12 1250A 31.5kA, 4s 80kA	ZN-12 1250A 31.5kA, 4s 80kA	XRNP1-10/0.5	ZN-12 1250A 31.5kA, 4s 80kA	ZN-12 1250A 31.5kA, 4s 80kA	ZN-12 1250A 31.5kA, 4s 80kA	ZN-12 1250A 31.5kA, 4s 80kA	隔离手车4000A 40kA, 4s 100kA	ZN-12 4000A 40kA, 4s 100kA
电压互感器.电流互感器型号	LMZB3-10G 5P30/5P30 4000/1 0.2S/0.2S 2000-4000/1A 二次负担15/15/5VA			LZZBJ9-10 5P30 4000/1 0.2S 2000-4000/1A 二次负担15VA	LZZBJ9-10 5P30/0.2S/0.2S 5P30: 800/1A 0.2: 400-800/1A 0.2S: 400-800/1A 二次负担15/15/5VA	LZZBJ9-10 5P30/0.2S/0.2S 5P30: 800/1A 0.2: 400-800/1A 0.2S: 400-800/1A 二次负担15/15/5VA	LZZBJ9-10 5P30/0.2S/0.2S 5P30: 800/1A 0.2: 400-800/1A 0.2S: 400-800/1A 二次负担15/15/5VA	LZZBJ9-10 5P30/0.2S/0.2S 5P30: 800/1A 0.2: 400-800/1A 0.2S: 400-800/1A 二次负担15/15/5VA	JDZX9-10 $\frac{10}{\sqrt3},\frac{0.1}{\sqrt3},\frac{0.1}{\sqrt3},\frac{0.1}{3}$ kV 0.2/0.5 (3P) /0.5(3P)3P 30/30/30/30/1A	LZZBJ9-10 5P30/0.2S/0.2S 5P30: 800/1A 0.2S: 400-800/1A 二次负担15/15/5VA	LZZBJ9-10 5P30/0.2S/0.2S 5P30: 800/1A 0.2S: 400-800/1A 二次负担15/15/5VA	LZZBJ9-10 5P30/0.2S/0.2S 5P30: 800/1A 0.2S: 400-800/1A 二次负担15/15/5VA	LZZBJ9-10 5P30/0.2S/0.2S 5P30: 800/1A 0.2S: 400-800/1A 二次负担15/15/5VA	LMZB3-10G 5P30/5P30 4000/1 0.2S/0.2S 2000-4000/1A 二次负担15/15/5VA	
避雷器型号									HY5WZ-17/45						
出线接地开关.消谐器型号					JN15-12 31.5kA, 4s 80kA	JN15-12 31.5kA, 4s 80kA	JN15-12 31.5kA, 4s 80kA	JN15-12 31.5kA, 4s 80kA	LXQ-10	JN15-12 31.5kA, 4s 80kA	JN15-12 31.5kA, 4s 80kA	JN15-12 31.5kA, 4s 80kA	JN15-12 31.5kA, 4s 80kA		
带电显示器	DXN-10Q	DXN-10Q	DXN-10Q	DXN-10Q	DXN-10Q	DXN-10Q	DXN-10Q	DXN-10Q	DXN-10Q	DXN-10Q	DXN-10Q	DXN-10Q	DXN-10Q	DXN-10Q	DXN-10Q
柜内分支母排					TMY-80×8	TMY-80×8	TMY-80×8	TMY-80×8	TMY-80×8	TMY-80×8	TMY-80×8	TMY-80×8	TMY-80×8	3×(TMY-125×10)	3×(TMY-125×10)
					ⅡB段出线	ⅡB段出线	ⅡB段出线	ⅡB段出线	ⅡB段TV.LA	ⅡB段出线	ⅡB段出线	ⅡB段出线	ⅡB段出线	ⅡB段主进隔离	ⅡB段主进开关

	16号	15号	14号	13号	12号	11号	10号	9号	8号	7号	6号	5号	4号
	KYN-12	KYN-12	KYN-12	KYN-12	KYN-12	KYN-12	KYN-12	KYN-12	KYN-12	KYN-12	KYN-12	KYN-12	KYN-12
	1000×1750×2240	1000×1750×2240	800×1450×2240	800×1450×2240	800×1450×2240	800×1450×2240	800×1450×2240	1000×1450×2240	800×1450×2240	800×1450×2240	800×1450×2240	1000×1450×2240	1000×1450×2240
	ZN-12 4000A 40kA, 4s 100kA	隔离手车4000A 40kA, 100kA	ZN-12 1250A 31.5kA, 4s 80kA	ZN-12 1250A 31.5kA, 4s 80kA	ZN-12 1250A 31.5kA, 4s 80kA	ZN-12 1250A 31.5kA, 4s 80kA	ZN-12 1250A 31.5kA, 4s 80kA	XRNP1-10/0.5	ZN-12 1250A 31.5kA, 4s 80kA	ZN-12 1250A 31.5kA, 4s 80kA	ZN-12 1250A 31.5kA, 4s 80kA	ZN-12 1250A 31.5kA, 4s 80kA	隔离手车4000A 40kA, 4s 100kA
	LMZB3-10G 5P30/5P30 4000/1 0.2S/0.2S 2000-4000/1A 二次负担15/15/5VA		LZZBJ9-10 5P30/0.2S/0.2S 5P30: 800/1A 0.2: 400-800/1A 二次负担15/15/5VA	LZZBJ9-10 5P30/0.2S/0.2S 5P30: 800/1A 0.2: 400-800/1A 二次负担15/15/5VA	LZZBJ9-10 5P30/0.2S/0.2S 5P30: 800/1A 0.2: 400-800/1A 二次负担15/15/5VA	LZZBJ9-10 5P30/0.2S/0.2S 5P30: 800/1A 0.2: 400-800/1A 二次负担15/15/5VA	LZZBJ9-10 5P30/0.2S/0.2S 5P30: 800/1A 0.2: 400-800/1A 二次负担15/15/5VA	JDZX9-10 $\frac{10}{\sqrt3},\frac{0.1}{\sqrt3},\frac{0.1}{\sqrt3},\frac{0.1}{3}$ kV 0.2/0.5 (3P) /0.5(3P)3P 30/30/30/30/1A	LZZBJ9-10 5P30/0.2S/0.2S 5P30: 800/1A 0.2: 400-800/1A 二次负担15/15/5VA	LZZBJ9-10 5P30/0.2S/0.2S 5P30: 800/1A 0.2: 400-800/1A 二次负担15/15/5VA	LZZBJ9-10 5P30/0.2S/0.2S 5P30: 800/1A 0.2: 400-800/1A 二次负担15/15/5VA	LZZBJ9-10 5P30/0.2S/0.2S 5P30: 800/1A 0.2: 400-800/1A 二次负担15/15/5VA	
								HY5WZ-17/45					
			JN15-12 31.5kA, 4s 80kA	JN15-12 31.5kA, 4s 80kA	JN15-12 31.5kA, 4s 80kA	JN15-12 31.5kA, 4s 80kA	JN15-12 31.5kA, 4s 80kA	LXQ-10	JN15-12 31.5kA, 4s 80kA	JN15-12 31.5kA, 4s 80kA	JN15-12 31.5kA, 4s 80kA	JN15-12 31.5kA, 4s 80kA	
	DXN-10Q	DXN-10Q	DXN-10Q	DXN-10Q	DXN-10Q	DXN-10Q	DXN-10Q	DXN-10Q	DXN-10Q	DXN-10Q	DXN-10Q	DXN-10Q	DXN-10Q
	3×(TMY-125×10)	3×(TMY-125×10)	TMY-80×8	TMY-80×8	TMY-80×8	TMY-80×8	TMY-80×8	TMY-80×8	TMY-80×8	TMY-80×8	TMY-80×8	TMY-80×8	3×(TMY-125×10)
	ⅡA段主进开关	ⅡA段主进隔离	3号电容器	ⅡA段出线	ⅡA段出线	ⅡA段出线	ⅡA段出线	ⅡA段TV.LA	ⅡA段出线	ⅡA段出线	ⅡA段出线	2号消弧	Ⅱ、Ⅰ段分段隔离

图7-7　HE-110-A2-4 10kV屋内配电装置电气接线图（一）

与29号柜相连

	49号	48号	47号	46号	45号	44号	43号	42号	41号	40号	39号	38号	37号	36号	35号	34号	33号	32号
开关柜编号	49号	48号	47号	46号	45号	44号	43号	42号	41号	40号	39号	38号	37号	36号	35号	34号	33号	32号
开关柜型号	KYN-12	KYN-12	KYN-12	KYN-12	KYN-12	KYN-12	KYN-12	KYN-12	KYN-12	KYN-12	KYN-12	KYN-12	KYN-12	KYN-12	KYN-12	KYN-12	KYN-12	KYN-12
开关柜外形(宽×深×高不含前后门)	800×1450×2240	800×1450×2240	800×1450×2240	800×1450×2240	800×1450×2240	800×1450×2240	800×1450×2240	800×1450×2240	800×1450×2240	800×1450×2240	800×1450×2240	800×1450×2240	1000×1450×2240	800×1450×2240	800×1450×2240	800×1450×2240	800×1450×2240	800×1450×2240
断路器.熔断器.隔离手车型号	ZN-12 1250A 31.5kA, 4s 80kA	ZN-12 1250A 31.5kA, 4s 80kA	ZN-12 1250A 31.5kA, 4s 80kA	ZN-12 1250A 31.5kA, 4s 80kA	ZN-12 1250A 31.5kA, 4s 80kA	ZN-12 1250A 31.5kA, 4s 80kA	ZN-12 1250A 31.5kA, 4s 80kA	ZN-12 1250A 31.5kA, 4s 80kA	ZN-12 1250A 31.5kA, 4s 80kA	ZN-12 1250A 31.5kA, 4s 80kA	ZN-12 1250A 31.5kA, 4s 80kA	ZN-12 1250A 31.5kA, 4s 80kA	XRNP1-10/0.5	ZN-12 1250A 31.5kA, 4s 80kA	ZN-12 1250A 31.5kA, 4s 80kA	ZN-12 1250A 31.5kA, 4s 80kA	ZN-12 1250A 31.5kA, 4s 80kA	ZN-12 1250A 31.5kA, 4s 80kA
电压互感器.电流互感器型号	LZZBJ9-10 5P30/0.2S/0.2S 5P30: 800/1A 0.2: 400-800/1A 0.2S: 400-800/1A 二次负担15/15/5VA	LZZBJ9-10 5P30/0.2S/0.2S 5P30: 800/1A 0.2: 200-400/1A 0.2S: 400-800/1A 二次负担15/15/5VA	LZZBJ9-10 5P30/0.2S/0.2S 5P30: 800/1A 0.2: 200-400/1A 0.2S: 400-800/1A 二次负担15/15/5VA	LZZBJ9-10 5P30/0.2S/0.2S 5P30: 800/1A 0.2: 400-800/1A 0.2S: 400-800/1A 二次负担15/15/5VA	LZZBJ9-10 5P30/0.2S/0.2S 5P30: 800/1A 0.2: 400-800/1A 0.2S: 400-800/1A 二次负担15/15/5VA	LZZBJ9-10 5P30/0.2S/0.2S 5P30: 800/1A 0.2: 400-800/1A 0.2S: 400-800/1A 二次负担15/15/5VA	LZZBJ9-10 5P30/0.2S/0.2S 5P30: 800/1A 0.2: 400-800/1A 0.2S: 400-800/1A 二次负担15/15/5VA	LZZBJ9-10 5P30/0.2S/0.2S 5P30: 800/1A 0.2: 400-800/1A 0.2S: 400-800/1A 二次负担15/15/5VA	LZZBJ9-10 5P30/0.2S/0.2S 5P30: 800/1A 0.2: 400-800/1A 0.2S: 400-800/1A 二次负担15/15/5VA	LZZBJ9-10 5P30/0.2S/0.2S 5P30: 800/1A 0.2: 400-800/1A 0.2S: 400-800/1A 二次负担15/15/5VA	LZZBJ9-10 5P30/0.2S/0.2S 5P30: 800/1A 0.2: 400-800/1A 0.2S: 400-800/1A 二次负担15/15/5VA	LZZBJ9-10 5P30/0.2S/0.2S 5P30: 800/1A 0.2: 400-800/1A 0.2S: 400-800/1A 二次负担15/15/5VA	JDZX9-10 10/√3/0.1/√3/0.1/√3/0.1/3 kV 0.2/0.5 (3P) /0.5(3P)/3P 30/30/30/30VA	LZZBJ9-10 5P30/0.2S/0.2S 5P30: 800/1A 0.2: 400-800/1A 0.2S: 400-800/1A 二次负担15/15/5VA	LZZBJ9-10 5P30/0.2S/0.2S 5P30: 800/1A 0.2: 400-800/1A 0.2S: 400-800/1A 二次负担15/15/5VA	LZZBJ9-10 5P30/0.2S/0.2S 5P30: 800/1A 0.2: 400-800/1A 0.2S: 400-800/1A 二次负担15/15/5VA	LZZBJ9-10 5P30/0.2S/0.2S 5P30: 800/1A 0.2: 400-800/1A 0.2S: 400-800/1A 二次负担15/15/5VA	LZZBJ9-10 5P30/0.2S/0.2S 5P30: 800/1A 0.2: 400-800/1A 0.2S: 400-800/1A 二次负担15/15/5VA
避雷器型号													HY5WZ-17/45					
出线接地开关.消谐器型号	JN15-12 31.5kA, 4s 80kA	JN15-12 31.5kA, 4s 80kA	JN15-12 31.5kA, 4s 80kA	JN15-12 31.5kA, 4s 80kA	JN15-12 31.5kA, 4s 80kA	JN15-12 31.5kA, 4s 80kA	JN15-12 31.5kA, 4s 80kA	JN15-12 31.5kA, 4s 80kA	JN15-12 31.5kA, 4s 80kA	JN15-12 31.5kA, 4s 80kA	JN15-12 31.5kA, 4s 80kA	JN15-12 31.5kA, 4s 80kA	LXQ-10	JN15-12 31.5kA, 4s 80kA	JN15-12 31.5kA, 4s 80kA	JN15-12 31.5kA, 4s 80kA	JN15-12 31.5kA, 4s 80kA	JN15-12 31.5kA, 4s 80kA
带电显示器	DXN-10Q	DXN-10Q	DXN-10Q	DXN-10Q	DXN-10Q	DXN-10Q	DXN-10Q	DXN-10Q	DXN-10Q	DXN-10Q	DXN-10Q	DXN-10Q	DXN-10Q	DXN-10Q	DXN-10Q	DXN-10Q	DXN-10Q	DXN-10Q
柜内分支母排	TMY-80×8	TMY-80×8	TMY-80×8	TMY-80×8	TMY-80×8	TMY-80×8	TMY-80×8	TMY-80×8	TMY-80×8	TMY-80×8	TMY-80×8	TMY-80×8	TMY-80×8	TMY-80×8	TMY-80×8	TMY-80×8	TMY-80×8	TMY-80×8
开关柜名称	Ⅱ段出线	Ⅱ段出线	Ⅱ段出线	Ⅱ段出线	Ⅱ段出线	Ⅱ段出线	Ⅱ段出线	Ⅱ段出线	Ⅱ段出线	Ⅱ段出线	Ⅱ段出线	Ⅱ段出线	Ⅱ段TV.LA	Ⅱ段出线	5号电容器	3号消弧	Ⅱ段出线	6号电容器

3×TMY-3×(125×10)

图7-7　HE-110-A2-4 10kV屋内配电装置电气接线图（二）

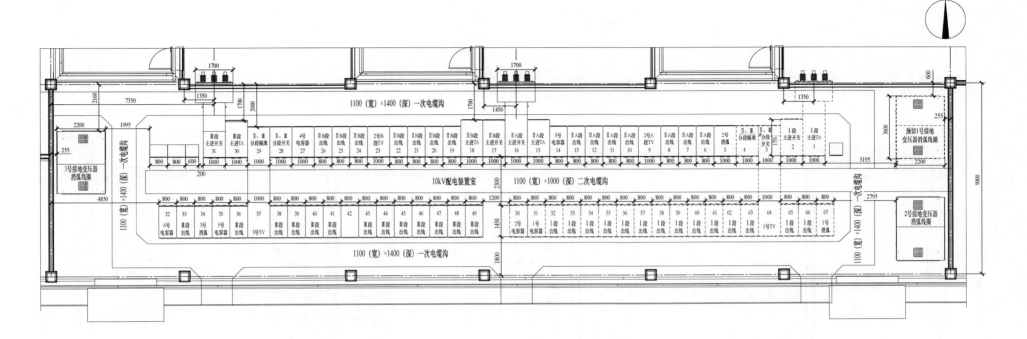

序号	名称	型号及规范	单位	数量	备注
1	10kV 高压开关柜	KYN-12	面	4	电容器出线柜
2	10kV 高压开关柜	KYN-12	面	3	TV柜
3	10kV 高压开关柜	KYN-12	面	6	进线柜
4	10kV 高压开关柜	KYN-12	面	28	馈线柜
5	10kV 高压开关柜	KYN-12	面	1	分段开关柜
6	10kV 高压开关柜	KYN-12	面	2	分段隔离柜
7	10kV 高压开关柜	KYN-12	面	2	接地变压器出线柜
8	10kV 封闭母线桥	三相 AC 10kV 4000A	m	20	以现场实际测量为准

说明：1. 本站 10kV 采用手车式开关柜，双列面对面不靠墙布置在配电室内，架空进线，电缆出线。

2. 本期新上主进柜 6 面，分段柜 3 面，出线柜 28 面，TV 柜 3 面，电容器出线柜 4 面，接地变压器出线柜 2 面，如图中实线部分，虚线部分为预留设备。

3. 图中标注开关柜尺寸为柜底板尺寸，不包含前后柜门。

4. 开关柜相序柜前从左至右均为 A、B、C。

5. 本站手车电动并可手动操作，接地开关电动并可手动操作。

6. 手车长度约 650mm。

图 7-8 HE-110-A2-4 10kV 屋内配电装置平面布置图

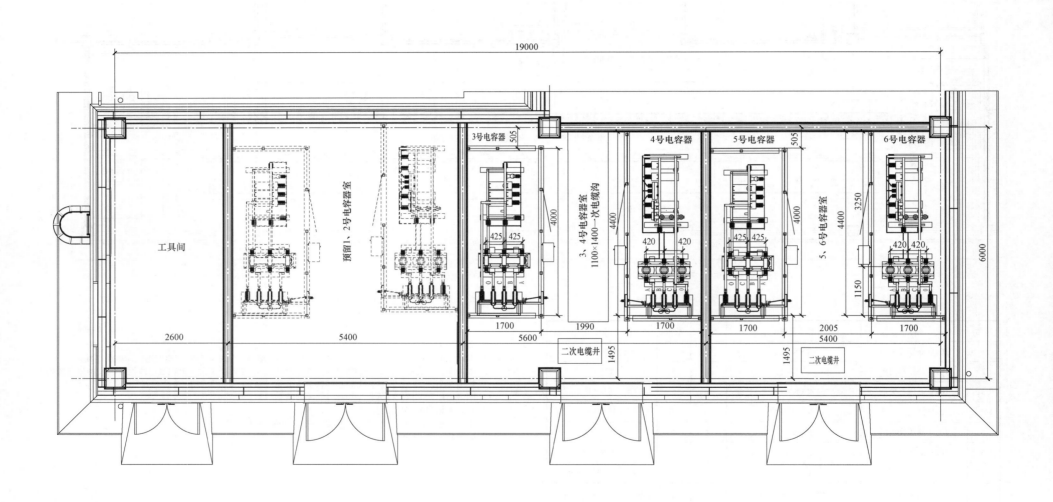

图 7-9 HE-110-A2-4 并联电容器组平面布置图

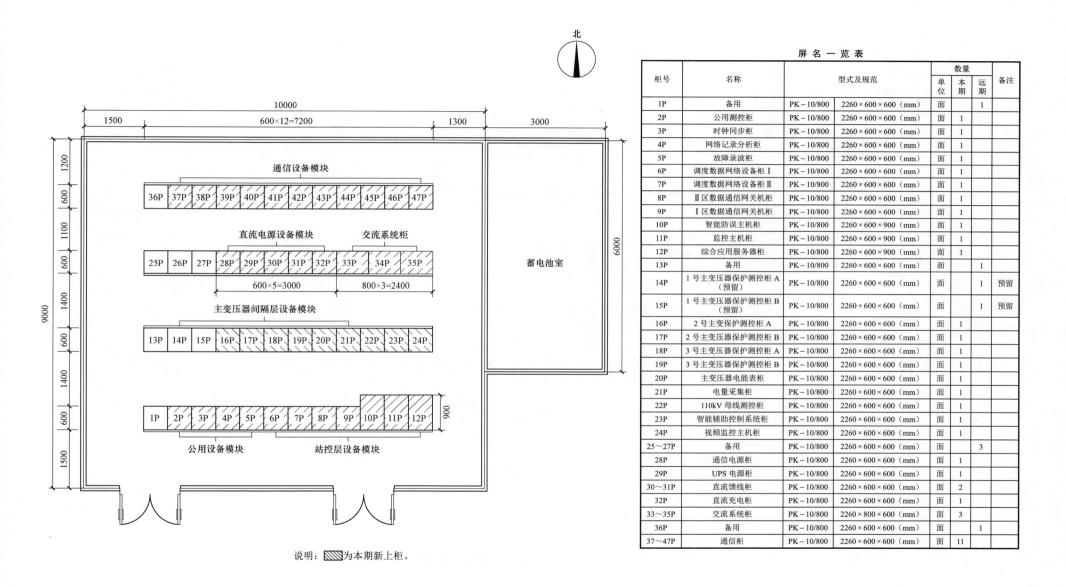

说明：▨为本期新上柜。

图7-10 HE-110-A2-4 二次设备室屏位布置图

屏 名 一 览 表

柜号	名称	型式及规范		单位	数量		备注
					本期	远期	
1P	备用	PK-10/800	2260×600×600（mm）	面		1	
2P	公用测控柜	PK-10/800	2260×600×600（mm）	面	1		
3P	时钟同步柜	PK-10/800	2260×600×600（mm）	面	1		
4P	网络记录分析柜	PK-10/800	2260×600×600（mm）	面	1		
5P	故障录波柜	PK-10/800	2260×600×600（mm）	面	1		
6P	调度数据网络设备柜Ⅰ	PK-10/800	2260×600×600（mm）	面	1		
7P	调度数据网络设备柜Ⅱ	PK-10/800	2260×600×600（mm）	面	1		
8P	Ⅱ区数据通信网关机柜	PK-10/800	2260×600×600（mm）	面	1		
9P	Ⅰ区数据通信网关机柜	PK-10/800	2260×600×600（mm）	面	1		
10P	智能防误主机柜	PK-10/800	2260×600×900（mm）	面	1		
11P	监控主机柜	PK-10/800	2260×600×900（mm）	面	1		
12P	综合应用服务器柜	PK-10/800	2260×600×900（mm）	面	1		
13P	备用	PK-10/800	2260×600×600（mm）	面		1	
14P	1号主变压器保护测控柜A（预留）	PK-10/800	2260×600×600（mm）	面		1	预留
15P	1号主变压器保护测控柜B（预留）	PK-10/800	2260×600×600（mm）	面		1	预留
16P	2号主变保护测控柜A	PK-10/800	2260×600×600（mm）	面	1		
17P	2号主变压器保护测控柜B	PK-10/800	2260×600×600（mm）	面	1		
18P	3号主变压器保护测控柜A	PK-10/800	2260×600×600（mm）	面	1		
19P	3号主变压器保护测控柜B	PK-10/800	2260×600×600（mm）	面	1		
20P	主变压器电能表柜	PK-10/800	2260×600×600（mm）	面	1		
21P	电量采集柜	PK-10/800	2260×600×600（mm）	面	1		
22P	110kV母线测控柜	PK-10/800	2260×600×600（mm）	面	1		
23P	智能辅助控制系统柜	PK-10/800	2260×600×600（mm）	面	1		
24P	视频监控主机柜	PK-10/800	2260×600×600（mm）	面	1		
25~27P	备用	PK-10/800	2260×600×600（mm）	面		3	
28P	通信电源柜	PK-10/800	2260×600×600（mm）	面	1		
29P	UPS电源柜	PK-10/800	2260×600×600（mm）	面	1		
30~31P	直流馈线柜	PK-10/800	2260×600×600（mm）	面	2		
32P	直流充电柜	PK-10/800	2260×600×600（mm）	面	1		
33~35P	交流系统柜	PK-10/800	2260×800×600（mm）	面	3		
36P	备用	PK-10/800	2260×600×600（mm）	面		1	
37~47P	通信柜	PK-10/800	2260×600×600（mm）	面	11		

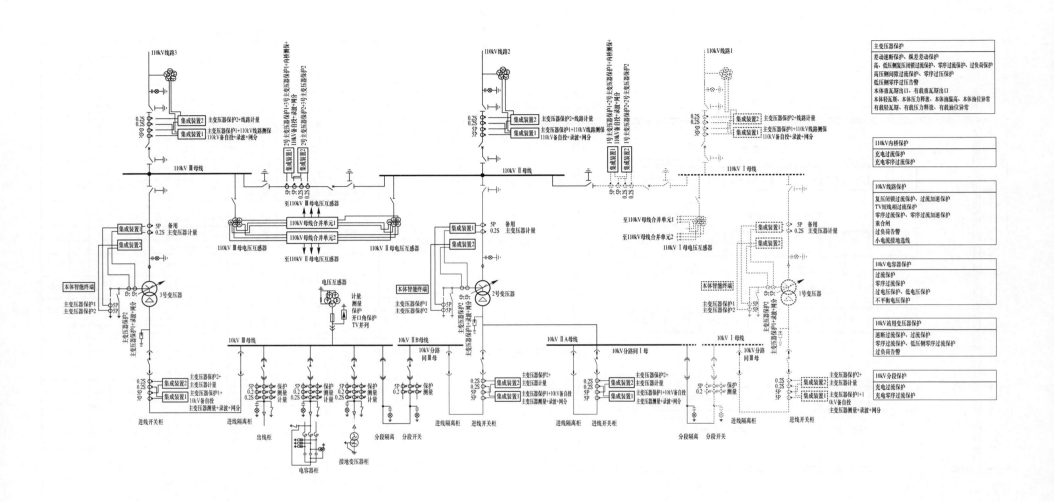

图 7-11 HE-110-A2-4 全站保护配置图

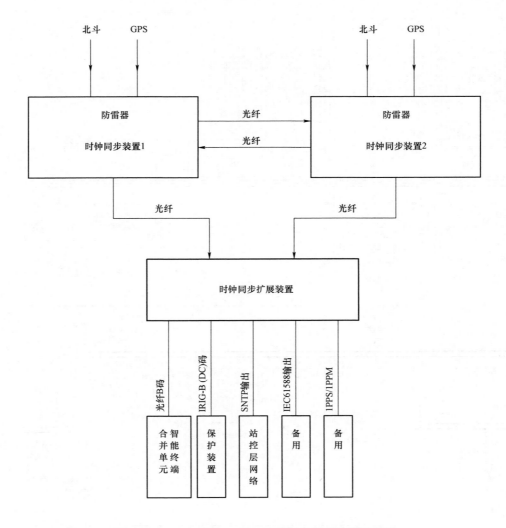

图 7-12　HE-110-A2-4 时钟同步系统结构示意图

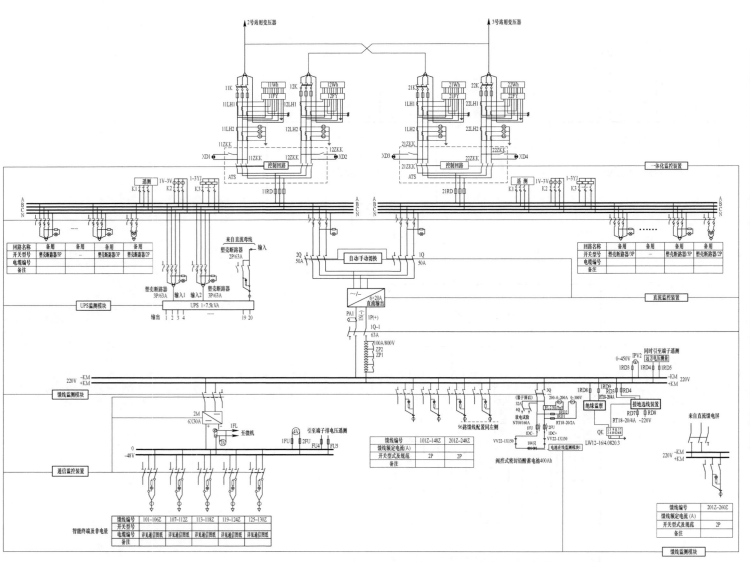

设 备 表

符号	名称	型式	技术特性	数量	备注
11K-21K	刀熔开关	QSA-400	附NT1-400 3只	2	
12K-22K	刀熔开关	QSA-400	附NT1-400 3只	2	
ATS	双电源自动转换开关	TBBQ2-400	400A 3P	2	
11RD-21RD	熔断器	NT1-400		6	
K1-3	空气开关	C65N	2A/3P	3	
LH1	电流互感器	LQG-0.5	400/5A 0.2S	12	
LH2	电流互感器	LQG-0.5	400/5A 0.5	12	
1YJ-3YJ	低电压继电器	DC-110/AC	220V, 辅助电源380V	3	
Wh	多功能电能表		380V, 1.5(6)A, 0.5S级	4	与站内表同型号
FY	接线盒		三相四线	4	
1A-6A	电流表		400/5A	12	
1V-3V	电压表		380V	6	
XD	红灯	XJD-22/21-8GZ	380V	4	
1YJ-3YJ	低电压继电器	DY-110	220V, 直流电源220V	3	
RD1、RD2	空气开关	RT18	4A, 220V	2	

图 7-13   HE-110-A2-4 一体化电源系统原理图

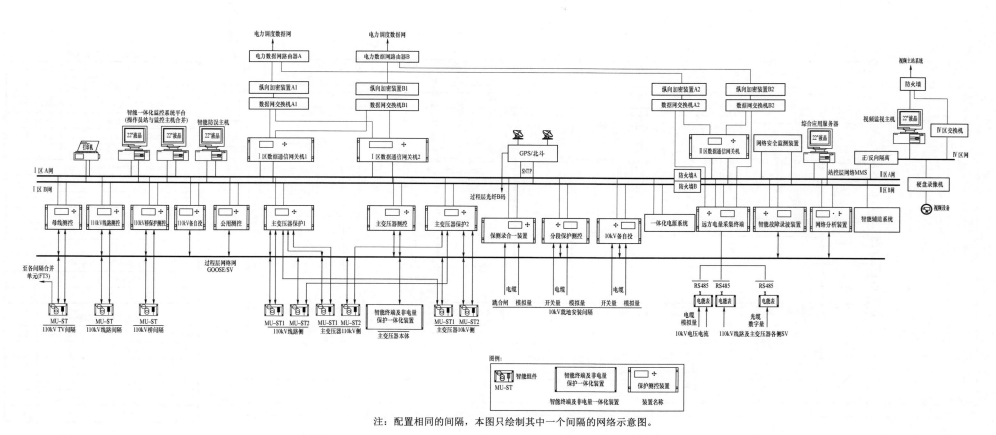

电力调度数据网　　　　电力调度数据网

电力数据网路由器A　　电力数据网路由器B

视频主站系统

纵向加密装置A1　　纵向加密装置B1　　纵向加密装置A2　　纵向加密装置B2

数据网交换机A1　　数据网交换机B1　　数据网交换机A2　　数据网交换机B2

防火墙

智能一体化监控系统平台
(操作员站与监控主机合并)　　智能防误主机

22"液晶　22"液晶　22"液晶

综合应用服务器

视频监视主机

22"液晶　　Ⅳ区交换机

打印机

Ⅰ区数据通信网关机1　　Ⅰ区数据通信网关机2

GPS/北斗

Ⅱ区数据通信网关机　　网络安全监测装置

22"液晶

正/反向隔离　　Ⅳ区网

Ⅰ区A网

Ⅰ区B网

SNTP

防火墙A
防火墙B

站控层网络MMS　　Ⅱ区A网

Ⅱ区B网

硬盘录像机

过程层光纤B码

母线测控　110kV线路测控　110kV桥保护测控　110kV备自投　公用测控　主变压器保护1　主变压器测控　主变压器保护2　保测录合一装置　分段保护测控　10kV备自投　一体化电源系统　远方电量采集终端　智能故障录波装置　网络分析装置　智能辅助系统

视频设备

过程层网络网
GOOSE/SV

至各间隔合并
单元(FT3)

MU-ST　MU-ST　MU-ST
110kV TV间隔　110kV线路间隔　110kV桥间隔

MU-ST1 MU-ST2　MU-ST1 MU-ST2
110kV线路侧　主变压器110kV侧

智能终端及非电量
保护一体化装置

主变压器本体

MU-ST1 MU-ST2
主变压器10kV侧

跳合闸　模拟量
电缆

开关量　模拟量
电缆

开关量　模拟量
电缆

10kV就地安装间隔

RS485　RS485　RS485

电能表　电能表　电能表

电缆
模拟量
10kV电压电流

光缆
数字量
110kV线路及主变压器各侧SV

图例:

智能组件
MU-ST

智能终端及非电量
保护一体化装置

智能终端及非电量一体化装置

保护测控装置

装置名称

注：配置相同的间隔，本图只绘制其中一个间隔的网络示意图。

图7-14　HE-110-A2-4 自动化系统网络示意图

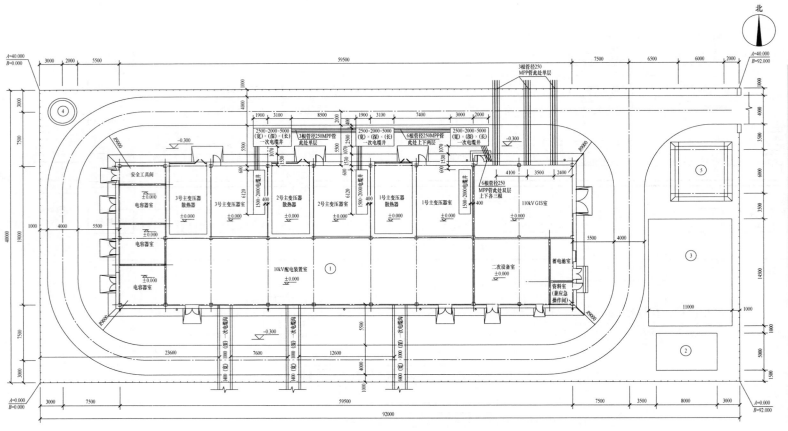

主要经济技术指标

编号	项目		单位	数量	备注
1	站址总用地面积		m²	—	—
2	站区围墙内占地面积		m²	3680	5.52 亩
3	进站道路长度		m	—	
4	电缆沟/电缆井长度		m	50	
	2500mm×2000mm 电缆井		m	15	
	1400mm×1000mm 电缆沟		m	35	
5	站址土方量	挖方	m²	—	
		填方	m²	—	
6	土方平衡	取土	m²	—	
		弃土	m²	—	
7	站内道路面积		m²	1048	
8	总建筑面积		m²	1180	
9	建筑密度		%	32.06	
10	站区围墙长度		m	259	

站区建（构）筑物一览表

编号	型号及名称	单位	数量	备注
1	配电装置室	座	1	1075m²
2	消防泵房	座	1	55m²
3	消防水池	座	1	
4	事故油池	座	1	
5	辅助用房	座	1	50m²

图 7-15　HE-110-A2-4 土建总平面布置图

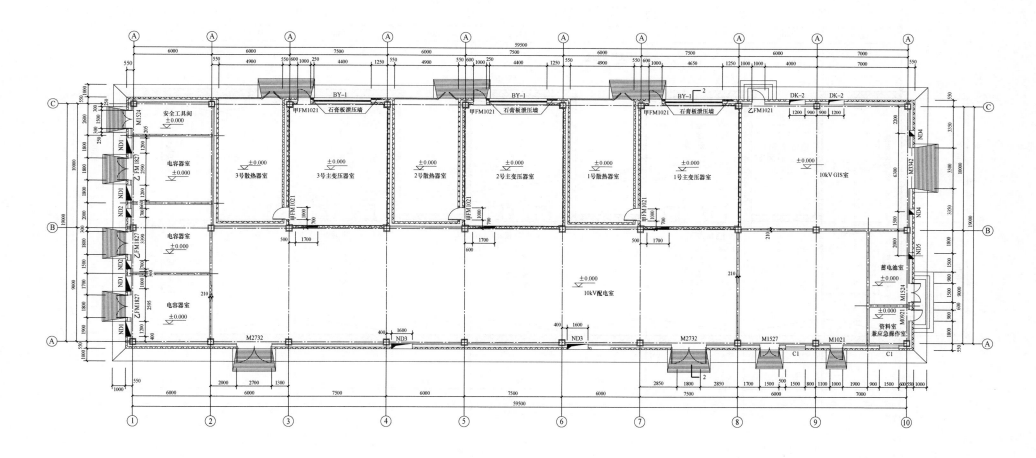

图 7-16 HE-110-A2-4 配电装置室平面布置图

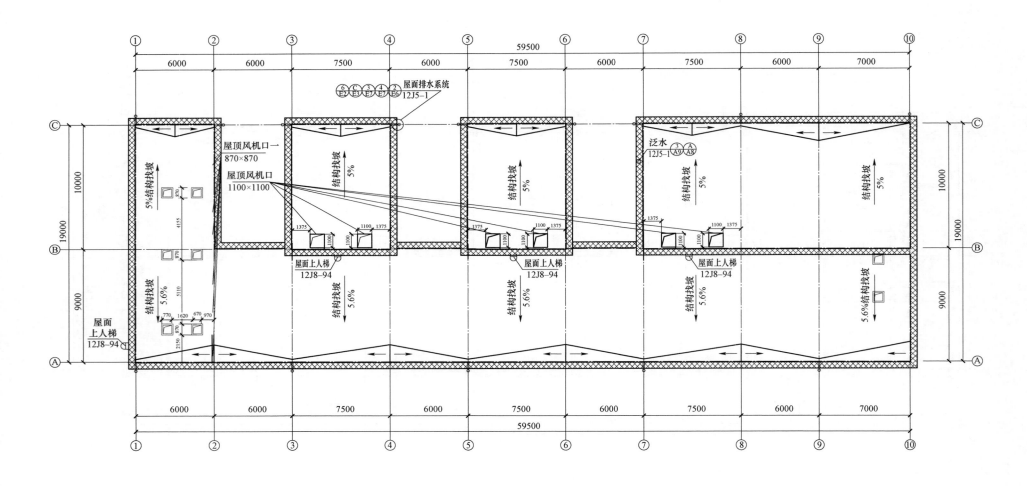

图 7-17　HE-110-A2-4 配电装置室屋顶平面图

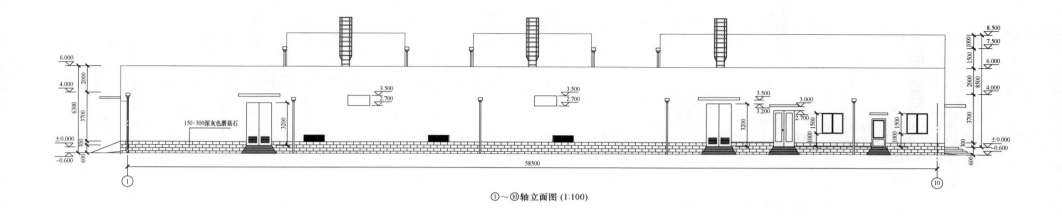

①～⑩轴立面图 (1:100)

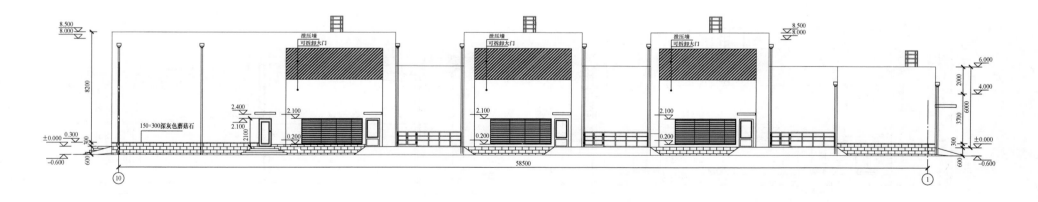

图7-18 HE-110-A2-4 立面图（一）

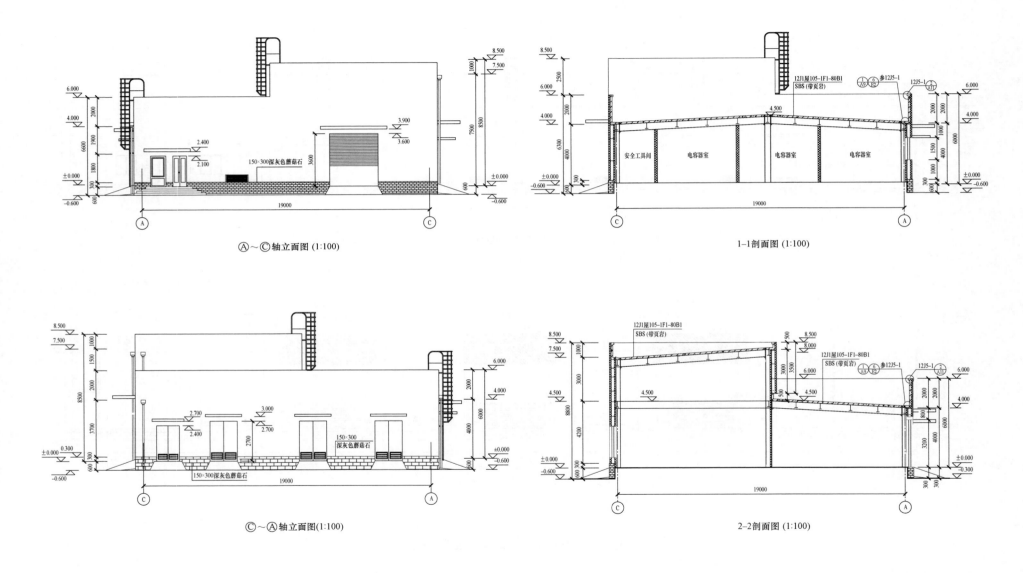

Ⓐ～Ⓒ轴立面图 (1:100)

1-1剖面图 (1:100)

Ⓒ～Ⓐ轴立面图(1:100)

2-2剖面图 (1:100)

图 7-19　HE-110-A2-4 立面图（二）及剖面图

7.6 HE-110-A2-4方案主要设备材料清册

（1）电气一次部分主要设备材料清册（见表7-5）。

表7-5 HE-110-A2-4方案电气一次部分主要设备材料清册

序号	设备名称		型号及规范	单位	数量	备注
1	主变压器系统					
（1）	电力变压器		三相双绕组有载调压变压器	台	2	
			型号 SZ11-50000/110			
			额定容量 50000kVA			
			额定电压比 110±8×1.25%/10.5 kV			
			阻抗电压 U_d%=17			
			接线组别 YN，yn0，d11			
			110kV 中性点绝缘水平 60kV 级			
（2）	主变压器中性点成套装置		CG-JXB-110(W)/1600	套	2	
	成套装置包括后边表格内的设备	① 隔离开关	GW13-72.5	极	1	
			额定工作电压 72.5kV			
			额定电流 1600A			
			Ⅳ级防污、配电动机构			
		② 氧化锌避雷器	YH1.5W-60/144W	支	1	Ⅳ级防污
			2ms方波电流 600A 带放电计数器			
			外绝缘爬距Ⅳ污秽标准配置			
		③ 电流互感器	LZZBW-10 100-200/1A 5P30/5P30 20VA	台	1	Ⅳ级防污
（3）	主变压器智能组件柜			台	2	
（4）	穿墙套管		CWW-24/4000	只	6	
（5）	支持绝缘子		ZSW-24/12.5，Ⅳ级防污	支	30	
（6）	110kV 电缆终端		1×400,户外终端，铜	套	6	
（7）	铜排		TMY-125×10	m	132	单片长度
（8）	热缩绝缘套		适用于 TMY-125×10	m	132	
（9）	热缩盒		与 TMY-125×10 配套	个	60	

续表

序号	设备名称	型号及规范	单位	数量	备注
（10）	母线伸缩节	MST-125×12.5	个	36	
（11）	母线间隔垫	MJG-04 400mm 间隔	个	160	
（12）	母线金具	MWP-304	个	30	
（13）	钢芯铝绞线	JL/G1A,300/25	m	40	
（14）	过渡设备线夹	SGY-300/25(105×100)B	个	6	110kV 电缆终端用
（15）	过渡设备线夹	SGY-300/25（130×110）B	个	6	主变压器用
（16）	过渡设备线夹	SGY-300/25（130×110）A	个	2	主变压器用
（17）	铝设备线夹	SY-300/25（80×80）A	个	2	高压中性点用
（18）	槽钢	[12.6#	m	30	热镀锌
（19）	槽钢	[10#	m	42	热镀锌
（20）	槽钢	[6.3#	m	2	热镀锌
（21）	角钢	L50×50×5	m	12	热镀锌
（22）	镀锌钢板	1700×700×10	块	2	
（23）	110kV 户外电缆终端支架		套	6	
①	角钢	L75×7 L=2974mm	根	4	Q235B 热镀锌
②	角钢	L50×5 L=666mm	根	24	Q235B 热镀锌
③	角钢	L125×80×8 L=490	根	4	Q235B 热镀锌
④	钢板	-700×16 L=700	块	1	Q235B 热镀锌
⑤	角钢	L125×100×10 L=480	根	4	Q235B 热镀锌
⑥	钢板	-110×6 L=110	块	8	Q235B 热镀锌
⑦	槽钢	[8 L=160	根	1	Q235B 热镀锌
⑧	角钢	L63×6 L=150mm	根	6	Q235B 热镀锌
⑨	角钢	L70×7 L=500mm	根	3	Q235B 热镀锌
⑩	防磁螺栓	M16×45	个	72	螺栓长度以现场核实为准
（24）	镀锌钢管	¢50	m	36	热镀锌
（25）	镀锌钢管	¢80	m	12	热镀锌
（26）	固定抱箍		套	2	与110kV 中性点钢杆配套

序号	设备名称	型号及规范	单位	数量	备注
(27)	接地铜缆	YJV－120mm²	m	6	
(28)	接地铜缆	6mm²	m	2	
(29)	接地扁铜	－40×4	m	16	
(30)	接地扁钢	－60×6	m	48	
2	110kV屋内配电装置	采用户内 GIS			
(1)	主变压器进线间隔	ZF－126 3150A 40kA 不带断路器	个	2	
(2)	母线设备间隔	ZF－126 3150A 40kA 不带断路器	个	2	
(3)	出线间隔	ZF－126 3150A 40kA 带断路器	个	2	
(4)	内桥间隔	ZF－126 3150A 40kA 带断路器	个	1	
(5)	不完整内桥间隔	ZF－126 3150A 40kA 不带断路器	个	1	
(6)	汇控柜		个	5	
(7)	气体绝缘管母线	AC 110kV 3150A	m	1.5	
3	10kV屋内配电装置				
(1)	主进 TA 柜	KYN－12－4000/40 不带断路器	面	3	
(2)	主进开关柜	KYN－12－4000/40 带断路器	面	3	
(3)	出线柜	KYN－12－1250/31.5 带断路器	面	28	
(4)	接地变压器出线柜	KYN－12－1250/31.5 带断路器	面	2	
(5)	电容器出线柜	KYN－12－1250/31.5 带断路器	面	4	
(6)	TV、LA 柜	KYN－12－1250 不带断路器	面	3	
(7)	分段隔离柜	KYN－12－4000/40 不带断路器	面	1	
(8)	分段开关柜	KYN－12－4000/40 带断路器	面	1	
(9)	10kV 封闭母线桥	4000A,10kV	m	20	
(10)	开关柜检修小车	1000mm	台	2	
(11)	开关柜检修小车	800mm	台	2	
(12)	开关柜接地小车	1000mm,1250A	台	2	
(13)	开关柜验电小车	1000mm	台	1	
(14)	开关柜验电小车	800mm	台	1	
(15)	角钢	L63×6　L=1.2m	根	4	封闭母线桥吊架

序号	设备名称	型号及规范	单位	数量	备注
(16)	圆钢	φ16	m	8	
(17)	接地扁钢	－60×6	m	8	
(18)	钢板	t＝20mm	m²	0.06	
4	10kV 无功补偿装置				
(1)	电容器成套装置	TBB10－3006/334－AK	套	2	
①	电容器	BAM11/$\sqrt{3}$－334－1W　共9台			
②	放电线圈	FDGE11/$\sqrt{3}$－1.7－1　3台			
③	氧化锌避雷器	YH5WR－17/45　3只　带监测仪			
④	12kV 户内隔离开关及隔离接地开关（四级）	GN24－12D1/1250A　1组			
⑤	10kV 干式铁芯电抗器	CKSC－150/10－5　X_L＝5%X_C　1台			
(2)	电容器成套装置	TBB10－5004/417－AC	套	2	
①	电容器	BAM11/2$\sqrt{3}$－417－1W　共12台			
②	放电线圈	FDGEC（11/2$\sqrt{3}$＋11/2$\sqrt{3}$）－1.7－1　3台			
③	氧化锌避雷器	YH5WR－17/45　3只　带监测仪			
④	12kV 户内隔离开关及隔离接地开关（四级）	GN24－12D1/1250A　1组			
⑤	10kV 干式铁芯电抗器	CKSC－250/10－5　X_L＝5%X_C　1台			
(3)	10kV 电力电缆	ZC－YJLV22－8.7/15kV－3×240mm²	m	—	见电缆敷设卷册
(4)	10kV 电力电缆终端头	户内、冷缩、铝 配以上电缆用	套	—	见电缆敷设卷册
(5)	热镀锌钢管	φ150	m	9	
(6)	热镀锌钢管	φ50	m	24	
(7)	电缆延长管		m	9	
(8)	接地扁钢	－60×6	m	24	
5	接地变压器消弧线圈部分				
(1)	自动跟踪补偿消弧线圈成套装置	户内箱式	套	2	

序号	设备名称	型号及规范	单位	数量	备注
①	接地变压器	DSBC－1200/10.5－200/0.4	台	1	
②	消弧线圈	XDZC－1000/10	台	1	
③	单相电压互感器	JDZ－10	台	1	
④	单相隔离开关	GN19－12/400	台	1	
⑤	有载分接开关	BPK200－19	台	1	
⑥	避雷器	HY5WZ－17/45	台	1	
⑦	并联电阻箱		台	1	
⑧	箱变防护等级 IP20		套	1	
（2）	10kV 电缆	ZC－YJLV22－8.7/15kV－3×240mm²	m	—	见电缆敷设卷册
（3）	10kV 电力电缆终端头	户内、冷缩、铝 配以上电缆用	套	—	见电缆敷设卷册
（4）	接地扁钢	－60×6	m	12	
（5）	电缆延长管		m	6	
6	电缆敷设及防火封堵				
（1）	阻火模块		m³	4	
（2）	无机速固防火堵料		t	2	
（3）	防火涂料		t	2	
（4）	有机堵料		t	6	
（5）	耐火隔板		m²	60	
（6）	膨胀螺丝		套	300	
（7）	角钢	L=30×4	m	36	热镀锌
（8）	耐火槽盒	100mm×200mm	m	170	配三通、弯通及封头
（9）	L 型耐火隔板	厚度 10mm	m	240	
（10）	接地铜缆	6mm²	m	50	
（11）	10kV 电缆甲供	ZC－YJLV22－8.7/15kV－3×240mm²	m	250	总量
①	开关柜－3 号电容器	ZC－YJLV22－8.7/15kV－3×240mm²	m	45	

序号	设备名称	型号及规范	单位	数量	备注
②	开关柜－4 号电容器	ZC－YJLV22－8.7/15kV－3×240mm²	m	65	双根
③	开关柜－5 号电容器	ZC－YJLV22－8.7/15kV－3×240mm²	m	30	
④	开关柜－6 号电容器	ZC－YJLV22－8.7/15kV－3×240mm²	m	60	双根
⑤	开关柜－2 号接地变	ZC－YJLV22－8.7/15kV－3×240mm²	m	30	
⑥	开关柜－3 号接地变	ZC－YJLV22－8.7/15kV－3×240mm²	m	20	
（12）	10kV 电力电缆终端头	配以上电缆用	套	16	总量
①	开关柜－3 号电容器	配以上电缆用	套	2	含开关柜与电容器
②	开关柜－4 号电容器	配以上电缆用	套	4	含开关柜与电容器
③	开关柜－5 号电容器	配以上电缆用	套	2	含开关柜与电容器
④	开关柜－6 号电容器	配以上电缆用	套	4	含开关柜与电容器
⑤	开关柜－2 号接地变压器	配以上电缆用	套	2	含开关柜与接地变压器
⑥	开关柜－3 号接地变压器	配以上电缆用	套	2	含开关柜与接地变压器
（13）	110kV 电力电缆	电力电缆，AC 110kV，YJLW，400，1，03，ZC，Z	m	350	总量
①	2 号主变压器 GIS 出线－2 主变压器	电力电缆，AC 110kV，YJLW，400，1，03，ZC，Z	m	160	
②	3 号主变压器 GIS 出线－3 主变压器	电力电缆，AC 110kV，YJLW，400，1，03，ZC，Z	m	190	
（14）	110kV 电缆终端	1×400，GIS 终端，预制，铜	个	6	
（15）	10kV 接地电缆	AC10kV，YJV，240，1	m	100	
（16）	电缆接地箱	保护接地	个	2	
（17）	电缆接地箱	三线直接接地	个	2	
（18）	110kV 电缆固定卡具	尺寸现场确定，单相，非磁性	个	82	

序号	设备名称	型号及规范	单位	数量	备注
（19）	尼龙绳	110kV 电缆固定用	m	200	
（20）	角钢	L=63×6	m	12	热镀锌
（21）	角钢	L=75×7	m	12	热镀锌
（22）	主变压器进线电缆安装材料		套	2	含接地箱安装
①	膨胀螺栓	M12×200	个	24	
②	钢板	200×200 δ=10mm	块	6	
③	角钢	L63x6 L=450mm	根	6	
④	槽钢	L70x7 L=600mm	根	3	
⑤	钢板	−80×10 L=650	块	2	
⑥	接地扁钢	−60×6	m	6	
（23）	GIS 出线电缆安装材料		套	4	含接地箱安装
①	膨胀螺栓	M12×200	个	16	
②	钢板	200×200 δ=10mm	块	4	
③	槽钢	[10 L=2500mm	根	2	
④	槽钢	[10 L=920mm	根	4	
⑤	角钢	L63x5 L=1350mm	根	2	
⑥	角钢	L50x5 L=600mm	根	3	
⑦	接地扁钢	−60×6	m	6	

（2）电气二次部分主要设备材料清册（见表 7-6）。

表 7-6　　HE-110-A2-4 方案电气二次部分主要设备材料清册

序号	设备名称	规格型号	单位	数量	备注
1	智能变电站计算机监控系统，基于 DL/T 860 通信标准（采用国产安全操作系统）				
（1）	主机兼操作员工作站	包括监控主机（机架式）2 台、显示器 2 台等；安装系统软件及管理软件、应用软件，包括分析测试软件、AVQC、小电流接地选线、嵌入式防误闭锁软件、操作票专家系统等	套	1	
		监控屏	面	1	主机组屏

序号	设备名称	规格型号	单位	数量	备注
（1）	主机兼操作员工作站	网络打印机	台	1	
		"五防"锁具、钥匙	套	1	
（2）	综合应用服务器柜	主机服务器 1 台，显示器 1 台	面	1	
（3）	智能防误主机柜	主机服务器 1 台，含智能防误模块 2 套	面	1	
（4）	Ⅰ区数据通信网关机柜	含Ⅰ区数据通信网关机装置 2 台，通道防雷模块 1 套；Ⅰ区站控层中心交换机 4 台，智能接口设备 1 台	面	1	
（5）	Ⅱ区数据通信网关机柜	Ⅱ区数据通信网关机 1 台，正向隔离装置 1 台，反向隔离装置 1 台，防火墙装置 3 台；Ⅱ区站控层交换机 2 台，Ⅳ区站控层交换机 1 台	面	1	
（6）	公用测控柜	含全站公用测控装置 3 台	面	1	
（7）	110kV 母线测控柜	含 110kV 母线测控装置 2 台	面	1	
（8）	10kV 公用测控柜	共含公用测控装置 3 台	面	2	
（9）	高级应用软件	含顺序控制、智能告警及故障信息综合分析决策、设备状态可视化、支撑经济运行化控制、源端维护等功能	套	1	
（10）	110kV 进线合并单元智能终端合一设备		台	4	安装于 GIS 110kV 进线间隔汇控柜
（11）	110kV 桥间隔合并单元智能终端合一设备		台	2	安装于 GIS 110kV 桥间隔汇控柜
（12）	110kV TV 合并单元设备		台	2	安装于 GIS 110kV TV 间隔汇控柜
（13）	110kV TV 智能终端设备		台	2	安装于 GIS 110kV TV 间隔汇控柜
（14）	110kV 主进合并单元智能终端合一设备		台	4	安装于 GIS 110kV 主变压器间隔汇控柜
（15）	主变压器本体智能设备柜	每面含本体智能终端（集成非电量保护功能）1 台	面	2	下放到主变压器区

序号	设备名称	规格型号	单位	数量	备注
（16）	10kV 主进间隔合并单元智能终端合一装置		台	6	安装到 10kV 主进开关柜
（17）	微动开关	110kV 间隔 52 只，10kV 间隔 166 只	套	1	
（18）	过程层交换机		台	2	安装于 GIS 智能控制柜内
（19）	预制光缆、尾缆及相关光缆配件				
①	8 芯多模铠装预制光缆		m	按需	
②	12 芯多模铠装预制光缆		m	按需	
③	光缆预制连接器		个	按需	
④	光纤配线箱		个	按需	
⑤	多模尾缆	含：4 芯、8 芯、12 芯	m	按需	厂供
（20）	屏蔽双绞线电缆		m	按需	厂供
（21）	超五类网络通信线		m	按需	厂供
（22）	10kV 间隔层设备				
①	10kV 线路保护测控装置	基于 DL/T 860 通信标准，含把手、压板等相关附件	套	28	布置于 10kV 线路开关柜
②	10kV 电容器保护测控装置	基于 DL/T 860 通信标准，含把手、压板等相关附件	套	4	布置于 10kV 电容器开关柜
③	10kV 接地变压器保护测控装置	基于 DL/T 860 通信标准，含把手、压板等相关附件	套	2	布置于 10kV 接地变压器开关柜
④	10kV 分段保护测控装置	基于 DL/T 860 通信标准，含把手、压板等相关附件	套	1	布置于 10kV 分段开关柜
⑤	10kV 备投装置	基于 DL/T 860 通信标准，含把手、压板等相关附件	套	1	布置于 10kV 分段开关柜
⑥	10kV TV 并列装置	基于 DL/T 860 通信标准，含把手、压板等相关附件	套	2	布置于 10kV 分段隔离柜
⑦	10kV 母线测控装置	基于 DL/T 860 通信标准，含把手、压板等相关附件	套	3	布置于 10kV TV 柜
⑧	10kV 交换机	24 电口，4 光口	台	6	布置于 10kV 主进隔离柜

序号	设备名称	规格型号	单位	数量	备注
2	智能变电站继电保护装置，基于 DL/T 860 通信标准				
（1）	2 号主变压器保护测控柜 A	含主后一体化保护装置 1 台，主变压器本体测控 1 台，过程层交换机 1 台，附件等	面	1	本期 2 号主变压器差动保护满足五侧电流互感器接入
（2）	2 号主变压器保护测控柜 B	含主后一体化保护装置 1 台，主变压器高、低 1、低 2 测控装置 3 台，附件等	面	1	本期 2 号主变压器差动保护满足五侧电流互感器接入
（3）	3 号主变压器保护测控柜 A	含主后一体化保护装置 1 台，主变压器本体测控 1 台，过程层交换机 1 台，附件等	面	1	
（4）	3 号主变压器保护测控柜 B	含主后一体化保护装置 1 台，主变压器高、低测控装置 2 台，附件等	面	1	
（5）	110kV 桥保护测控装置		台	1	安装于 GIS 智能控制柜内
（6）	110kV 备用电源自动投入装置		台	1	安装于 GIS 智能控制柜内
3	计量表计及电量采集终端				
（1）	主变压器电能表柜	含数字式三相四线，0.5S 级 2 块；数字式三相四线，0.2S 级 3 块	面	1	
（2）	电量采集柜	含数字式三相四线，0.5S 级 2 块；电量采集装置 1 套	面	1	
（3）	10kV 间隔电能表	智能表，三相四线，0.5S 级	块	34	布置于 10kV 开关柜
4	其他二次设备				
（1）	交直流一体化电源系统	基于 DL/T 860 通信标准，含通信管理模块 1 套	套	1	
①	交流电源柜		面	3	
②	直流充电柜	屏内含 6×20A 高频开关电源 1 套等	面	1	
③	直流馈线柜		面	2	
④	蓄电池	220V、400Ah 阀控式密封铅酸蓄电池组，单体 2V，104 只	只	104	安装于蓄电池室
⑤	UPS 电源柜	含 7.5kVA 不间断电源 1 台	面	1	
⑥	−48V 通信电源柜	屏内含 6×30A DC/DC（220/−48V）模块电源 1 套，模块 N+1 冗余	面	1	

序号	设备名称	规格型号	单位	数量	备注
⑦	−48V 通信电源馈线柜		面	1	
（2）	智能辅助控制系统	含视频监控系统、门禁、后台机等设备	套	1	
①	智能辅助控制柜		面	1	
②	视频监控主机柜		面	1	
（3）	施工临时视频	含 2 台立杆式球形摄像机，1 台移动摄像机、后台机等设备，此部分开列施工费，设备由施工单位提供	套	1	只计列施工费
（4）	时钟同步柜	含时钟同步装置 1 套，含主时钟 2 台，基于 DL/T 860 通信标准，支持北斗对时及 GPS 对时	面	1	
（5）	低频低压减载柜	含低周减载装置 2 台	面	1	
（6）	故障录波柜	含故障录波装置 1 台	面	1	
（7）	网络记录分析柜	含网络记录分析装置 1 台	面	1	
（8）	调度数据网络柜	每面柜内含交换机 2 台、路由器 1 台、纵向加密认证 2 台	面	2	
（9）	Ⅱ 型网络安全监测装置		台	1	安装于 Ⅱ 区数据通信网关机柜
（10）	消弧线圈控制柜	屏内含消弧线圈控制装置 2 台	面	1	随一次设备招标
5	二次电缆及装置材料				
（1）	控制电缆	ZRA−KVVP2/22−4×1.5	m	按需	
		ZRA−KVVP2/22−4×2.5	m	按需	
		ZRA−KVVP2/22−10×1.5	m	按需	
		ZRA−KVVP2/22−14×1.5	m	按需	
		ZRA−KVVP2/22−4×4	m	按需	
		ZRA−KVVP2/22−4×6	m	按需	
		NH−KVVP2/22−4×4	m	按需	
		NH−KVVP2/22−4×6	m	按需	
（2）	低压电力电缆	ZC−YJV22−4×185	m	按需	
		NH−YJV22−1×150	m	按需	
		ZC−YJV22−4×16+1×10	m	按需	

序号	设备名称	规格型号	单位	数量	备注
（3）	多股铜导线	50mm²	m	按需	
6	火灾自动报警				
（1）	火灾报警控制器（联动型）		台	1	
（2）	输入输出模块		个	20	
（3）	感烟探测器		个	28	
（4）	感烟探测器（防爆型）		个	1	
（5）	防爆隔离栅		个	1	
（6）	红外对射探测器		套	5	
（7）	总线隔离器		个	6	
（8）	声光报警器		个	15	
（9）	手报按钮		个	17	
（10）	数字液位显示器		个	1	
（11）	液位计(带就地显示、信号远传功能)		个	1	
（12）	消防接线端子箱		个	3	
（13）	模块箱		个	3	
（14）	消火栓起泵按钮		个	2	
（15）	可燃气体报警控制器		个	1	
（16）	可燃气体探测器（防爆型）		个	1	
（17）	消防电缆				
①	信号电缆	WDZBN−RYJS−2×1.5mm²	m	按需	
②	信号电缆	NH−KVVP−3×1.5mm²	m	按需	
③	信号电缆	NH−RVVP−3×1.5mm²	m	按需	
④	控制电缆	NH−KVV−5×1.5mm²	m	按需	
⑤	电源电缆	WDZBN−BYJ−2×2.5mm²	m	按需	
⑥	电源电缆	NH−YJV−3×4mm²	m	按需	
（18）	热镀锌钢管	SC25 热镀锌钢管	m	按需	
（19）	热镀锌钢管	SC32 热镀锌钢管	m	按需	

7.7 HE－110－A2－4方案图纸通用性说明

（1）电气一次。

电气一次部分共有 9 卷图纸，98 张图。其中完全可通用的 52 张，微调可通用 32 张，合计通用 84 张，不可通用 14 张。微调可通用是指在原位置替换厂家设备图纸即可，主要是指对主变压器、开关柜等外形结构变化不大的设备进行替换；不可通用是针对组合电器、电容器组等设备因为厂家不同结构差异较大的，消弧线圈等设备因为工程不同参数不同的情况，不能应用通用图纸需要根据厂家资料绘制图纸。具体的图纸通用性说明见表 7－7。

表 7－7 　　　　　　　　　　　　　　　　HE－110－A2－4方案电气一次图纸通用性说明

卷册	完全通用	微调通用	微调原因	不可通用	不可通用原因
总图部分 （5 张图）	—	① D0101－01 说明书 ② D0101－02 材料清册 ③ D0101－03 电气主接线图 ④ D0101－04 电气总平面布置图	设备型号、外形不同	D0101－05 短路电流计算及设备选择结果	接入系统不同，不具有通用性
110kV 配电装置部分 （8 张图）	注：在本卷册所有图纸中接线、GIS 设备定位、二次电缆沟、电缆井尺寸及定位、出线形式等固定通用	① D0102－01 卷册施工设计说明 ② D0102－02 110kV GIS 电气主接线图 ③ D0102－03 110kV GIS 电气主接线及气室分隔图 ④ D0102－04 110kV 屋内配电装置平面布置图 ⑤ D0102－08 卷册主要设备材料表	厂家设备型号、外形不同，定位不变，微调后可通用	① D0102－05 110kV 屋内配电装置出线间隔断面图 ② D0102－06 110kV 屋内配电装置主变压器进线间隔断面图 ③ D0102－07 110kV 内桥间隔断面图	厂家设计结构差异大
主变压器及附属设备安装部分（14 张图）	① D0103－08 支柱绝缘子安装图 ② D0103－09 主变压器智能组件柜安装图 ③ D0103－10 穿墙套管安装图 ④ D0103－12 母线伸缩节安装图 ⑤ D0103－13 主变压器高压电缆支架加工图	① D0103－01 卷册施工设计说明 ② D0103－02 主变压器平面布置图 ③ D0103－03 主变压器 110kV 中性点剖面图 ④ D0103－04 主变压器Ⅰ－Ⅰ剖面图 ⑤ D0103－05 主变压器Ⅱ－Ⅱ剖面图 ⑥ D0103－06 主变压器 10kV 进线断面图 ⑦ D0103－07 主变压器剖面图 ⑧ D0103－14 卷册主要设备材料表	厂家设备型号、外形不同，定位不变，微调后可通	D0103－11 中性点设备安装图	设备结构差异大，不可通用
10kV 屋内配电装置部分 （7 张图）	D0104－05 10kV 配电装置基础安装图 注：在本卷册所有图纸中开关柜、接地变压器的布置、二次电缆沟、一次电缆沟的定位及尺寸、出线形式等固定通用	① D0104－01 卷册施工设计说明 ② D0104－02 10kV 屋内配电装置接线图（一） ③ D0104－03 10kV 屋内配电装置接线图（二） ④ D0104－04 10kV 屋内配电装置平面布置图 ⑤ D0104－06 10kV 屋内配电装置间隔断面图 ⑥ D0104－07 卷册主要设备材料表	厂家设备外形不同，定位不变，微调后可通用		
无功补偿部分 （8 张图）	注：电容器组的布置、二次电缆井、一次电缆沟的定位及尺寸等固定通用	① D0105－01 卷册施工设计说明 ② D0105－02 并联电容器组接线图 ③ D0105－03 并联电容器组平面布置图 ④ D0105－08 卷册主要设备材料表	厂家设备型号、外形不同，定位不变，微调后可通用	① D0105－04 并联电容器组断面布置图（一） ② D0105－05 并联电容器组断面布置图 （二） ③ D0105－06 4 号、6 号并联电容器组安装图 ④ D0105－07 3 号、5 号并联电容器组安装图	设备结构差异大，不可通用

卷册	完全通用	微调通用	微调原因	不可通用	不可通用原因
接地变压器消弧线圈部分（7张图）	注：接地变压器的定位可通用	① D0106-01 卷册施工设计说明 ② D0106-07 卷册主要设备材料表	设备型号不同，微调后可通用	① D0106-02 接地变压器消弧线圈接线图 ② D0106-03 消弧线圈平面布置图 ③ D0106-04 消弧线圈断面布置图 ④ D0106-05 接地变压器消弧线圈成套装置安装图 ⑤ D0106-06 消弧线圈外形图	工程不同，补偿容量不同，外形尺寸不同，不可通用
全站防雷接地部分（20张图）	① D0107-04 屋顶避雷带布置图 ② D0107-05 二次等电位接地布置图 ③ D0107-06 附属房间水泵房接地装置布置图 ④ D0107-07 电缆井支架制作及安装图 ⑤ D0107-08 电缆沟支架制作及安装图 ⑥ D0107-09 二次等电位接地线进入二次设备室内示意图 ⑦ D0107-10 接地装置详图 ⑧ D0107-11 避雷带引下线施工详图 ⑨ D0107-12 建筑物引出接地线安装图 ⑩ D0107-13 设备支架接地端子安装图 ⑪ D0107-14 灯具接地示意图 ⑫ D0107-15 接地线连接安装图 ⑬ D0107-16 接地干线过电缆沟示意图 ⑭ D0107-17 金属管道接地施工图 ⑮ D0107-18 嵌入或壁挂式箱体接地示意图 ⑯ D0107-19 门窗、风机等接地示意图 ⑰ D0107-20 卷册主要设备材料表	① D0107-01 卷册施工设计说明 ② D0107-02 全站屋外接地装置布置图 ③ D0107-03 屋内接地装置布置图	地质不同，设备接地位置不同，微调后可通用		
全站动力照明部分（15张图）	① D0108-01 照明、动力施工设计说明 ② D0108-02 照明、动力系统图 ③ D0108-03 配电箱制作订货图（一） ④ D0108-04 配电箱制作订货图（二） ⑤ D0108-05 配电装置室照明平面图 ⑥ D0108-06 配电装置室应急照明平面图 ⑦ D0108-07 配电装置室插座平面图 ⑧ D0108-08 配电装置室动力平面图（一） ⑨ D0108-09 配电装置室动力平面图（二） ⑩ D0108-10 室外照明、动力平面图 ⑪ D0108-11 附属房间电气平面图 ⑫ D0108-12 消防泵房照明平面图 ⑬ D0108-13 消防泵房动力平面图 ⑭ D0108-14 消防泵稳压泵一次系统图 ⑮ D0108-15 卷册主要设备材料表				

卷册	完全通用	微调通用	微调原因	不可通用	不可通用原因
电缆敷设及防火封堵部分（14张图）	① D0108-01 照明、动力施工设计说明 ② D0108-02 照明、动力系统图 ③ D0108-03 配电箱制作订货图（一） ④ D0108-04 配电箱制作订货图（二） ⑤ D0108-05 配电装置室照明平面图 ⑥ D0108-06 配电装置室应急照明平面图 ⑦ D0108-07 配电装置室插座平面图 ⑧ D0108-08 配电装置室动力平面图（一） ⑨ D0108-09 配电装置室动力平面图（二） ⑩ D0108-10 室外照明、动力平面图 ⑪ D0108-11 附属房间电气平面图 ⑫ D0108-12 消防泵房照明平面图 ⑬ D0108-13 消防泵房动力平面图 ⑭ D0108-14 消防泵稳压泵一次系统图 ⑮ D0108-15 卷册主要设备材料表				

（2）土建。

土建部分共有 10 卷图纸，69 张图。其中完全可通用的 37 张，微调可通用 23 张，合计通用 60 张，不可通用 9 张。微调可通用是指在地震烈度、地基承载力、站内外高差、大门方向、给排水方式相差不大时适当修改图纸即可，主要是指土建总平面布置图、110kV GIS 基础、室外给排水管道布置安装图等图纸；不可通用是指受站址位置、地基承载力、站内外高差等原因具体外部情况不同而造成计算结果差异较大的，主要是指征地图、土方平整图、配电装置室结构施工图等，不能应用通用图纸需要根据具体工程绘制图纸。具体的图纸通用性说明见表 7-8。

表 7-8　　　　　　　　　　　　　　　　　　　　HE-110-A2-4 方案土建图纸通用性说明

卷册	完全通用	微调通用	微调原因	不可通用	不可通用原因
土建施工总说明及卷册目录（3张图）	① T0101-01 目录 ② T0101-03 标准工艺	T0101-02 施工设计说明	需根据工程实际情况调整		
总平面布置图（10张图）	① T0102-04 室外电缆沟施工图 ② T0102-09 过路电缆沟施工图 ③ T0102-10 过路电缆沟盖板施工图 ④ T0102-11 主变压器室沟平面、剖面详图	① T0102-02 土建总平面布置图 ② T0102-05 围墙平面布置图 ③ T0102-06 围墙大门施工图	与进出线方向、建站大门方向有关	① T0102-01 站址位置图 ② T0102-07 进站道路施工图 ③ T0102-08 土方平整图	与站址位置、地形有关

卷册	完全通用	微调通用	微调原因	不可通用	不可通用原因
配电装置室建筑施工图 （19张图）	① T0201-01 配电装置室建筑设计说明 ② T0201-02 配电装置室平面布置图 ③ T0201-03 配电装置室屋面布置图 ④ T0201-04 立面图一 ⑤ T0201-05 立面图二及剖面图 ⑥ T0201-06 建筑节点施工图 ⑦ T0201-07 设备基础、支架设计说明 ⑧ T0201-08 10kV 配电室零米沟道布置图 ⑨ T0201-09 10kV 配电室零米沟道断面施工图 ⑩ T0201-10 二次设备室基础施工图 ⑪ T0201-16 中性点基础施工图 ⑫ T0201-17 10kV 母线桥支架施工图 ⑬ T0201-18 母线桥设备支架柱脚、J-1 大样图 ⑭ T0201-19 主变压器智能控制柜基础施工图	① T0201-11 电容器基础平面布置及详图 ② T0201-12GIS 设备基础平面布置图 ③ T0201-13GIS 设备基础施工图 ④ T0201-14 主变压器及散热器基础平面布置图 ⑤ T0201-01 主变压器及散热器基础施工图	设备厂家结构有偏差，根据实际工程设备平面布置调整		
配电装置室结构施工图 （7张图）		T0201-01 结构设计说明	根据工程实际情况调整一些数据	① T0201-02 基础施工图 T0201-03 柱脚螺栓布置图 ② T0201-04 屋面结构平面布置图 ③ T0201-05 屋面板平法施工图 ④ T0201-06 结构节点施工图（一） ⑤ T0201-07 结构节点施工图（二）	与站址地质、地震烈度有关
辅助用房建筑结构施工图 （5张图）	T0203-02 辅助用房建筑图	① T0203-01 建筑结构设计说明 ② T0203-03 基础施工图 ③ T0203-04 屋面板施工图 ④ T0203-05 结构节点详图	根据工程实际情况调整一些数据		
消防泵房施工图 （8张图）	① T0204-01 消防泵房建筑设计说明 ② T0204-03 消防泵房建筑施工图 ③ T0204-04 消防泵房平面布置图	① T0204-02 消防泵房结构设计说明 ② T0204-05 基础平面图 ③ T0204-06 结构布置图 ④ T0204-07 结构节点施工图（一） ⑤ T0204-08 结构节点施工图（二）	根据工程实际情况调整一些数据		
暖通部分 （3张图）	① N0101-01 暖通设计说明 ② N0101-02 暖通平面布置图 ③ N0101-03 综合材料表				
给排水施工图 （4张图）	① S0101-01 给排水、消防施工设计总说明 ② S0101-03 雨水管道纵剖面图 ③ S0101-04 附属房间给排水布置图	S0101-02 给排水总平面布置图	根据工程站内管沟实际布置进行调整		
消防部分施工图 （7张图）	① S0101-01 消防水池施工图 ② S0101-02 消防泵房管道布置图 ③ S0101-05 配电装置室消防系统布置图 ④ S0101-07 消防水池配筋图	① S0101-03 消防泵房基础及埋管布置图 ② S0101-04 室外消防管道系统图 ③ S0101-06 给排水、消防主要设备材料表	根据实际设备尺寸、需要根据站内管沟布置进行调整		
事故油池施工图 （3张图）	① S0103-01 水工构筑物结构设计与施工说明 ② S0103-02 总事故油池施工图 ③ S0103-03 总事故油池结构图				

第8章 HE-110-A3-3实施方案

8.1 HE-110-A3-3方案说明

本实施方案主要设计原则详见方案技术条件表，与通用设计的主要差异如下：

（1）110kV 电气接线远期由"内桥+线路变压器组"调整为扩大内桥接线。

（2）主变压器单件设备旋转 90°由横向布置调整为竖向布置。

（3）调整电容器室及工具间的排列顺序；电容器室内保留一次主沟，取消一次支沟；二次电缆敷设方式由直埋管改为管井结合的方式。

（4）二次设备室屏柜布置由竖向布置调整为横向布置，二次电缆沟采用环形布置。

（5）二次设备室尺寸由 9m×9m 调整为 9m×10m，GIS 室尺寸由 10m×12m 调整为 10m×13m，围墙内尺寸由 40.5m×87m 调整为 40.5m×88m。

（6）110kV 电缆敷方式由电缆沟调整为管井结合的方式。

（7）根据《国家电网基建技术〔2021〕2 号》10kV 室外一次电缆沟由 1.2m×1.2m 调整为 1.4m×1.0m。

（8）根据河北省公司要求 10kV 进线电流互感器布置于母线侧，主变压器进线增加一面进线隔离柜。

（9）根据河北南网实际需求，增加了低频低压减载装置。

8.2 HE-110-A3-3方案主要技术条件

HE-110-A3-3方案主要技术条件见表 8-1。

表 8-1　　　　　HE-110-A3-3方案主要技术条件

序号	项目		技术条件	与国网通用设计的差异
1	建设规模	主变压器	本期 2 台 50MVA，远期 3 台 50MVA	无
		出线	110kV：本期 2 回，远期 3 回；10kV：本期 24 回，远期 36 回	无
		无功补偿装置	每台变压器配置 10kV 电容器 2 组	无
2	站址基本条件		海拔小于 1000m，设计基本地震加速度 0.15g，设计风速不大于 27m/s，地基承载力特征值 f_{ak}=120kPa，无地下水影响，场地同一设计标高	无

续表

序号	项目	技术条件	与国网通用设计的差异
3	电气主接线	110kV 本期采用内桥接线，远期采用扩大内桥接线；10kV 本期采用单母线三分段接线，远期采用单母线四分段接线	国网公司 110kV：本期采用内桥接线，远期采用内桥+线变组
4	主要设备选型	110kV、10kV 短路电流控制水平分别为 40kA、31.5kA；主变压器选用三相两绕组低损耗油浸自冷式有载调压变压器；110kV：户内 GIS；10kV：户内空气绝缘开关柜，配置真空断路器；10kV 电容：框架式成套装置；10kV 消弧线圈接地变压器成套装置：户内干式	无
5	电气总平面及配电装置	主变压器：户外布置；110kV：户内 GIS；10kV：户内高压开关柜双列布置；10kV 电容：框架式成套装置	无
6	二次系统	全站采用模块化二次设备、预制式智能控制柜及预制光电缆的二次设备模块化设计方案；变电站自动化系统按照一体化监控设计；采用常规互感器+合并单元；110kV GOOSE 与 SV 共网，保护直采直跳；110kV 主变压器采用保护、测控独立装置，10kV 采用保护集成装置；采用一体化电源系统，通信电源不独立设置；间隔层设备下放布置，公用及主变压器二次设备布置在二次设备室	配置 110kV 低频低压减载装置，110kV 备用电源自动投入装置在二次设备室内组屏安装
7	土建部分	围墙内占地面积 0.3564hm²；全站总建筑面积 890m²；建筑物结构型式为钢结构；建筑物外墙板采用纤维水泥复合墙板(当地规划部门有要求时，可采用一体化铝镁锰复合墙板)，内隔墙板采用纤维水泥板和轻质条板。楼板、屋面形式采用自承式钢筋桁架底模现浇钢筋混凝土板；围墙采用大砌块围墙	围墙内占地面积 0.3524hm²；全站总建筑面积 829m²

8.3 HE-110-A3-3方案卷册目录

（1）电气一次（见表8-2）。

表8-2　　　　　　HE-110-A3-3方案电气一次卷册目录

序号	卷册编号	卷册名称
1	HE-110-A3-3-D0101	总图部分
2	HE-110-A3-3-D0102	110kV配电装置部分
3	HE-110-A3-3-D0103	主变压器及附属设备安装部分
4	HE-110-A3-3-D0104	10kV屋内配电装置部分
5	HE-110-A3-3-D0105	无功补偿部分
6	HE-110-A3-3-D0106	接地变压器消弧线圈部分
7	HE-110-A3-3-D0107	全站防雷接地部分
8	HE-110-A3-3-D0108	全站动力照明部分
9	HE-110-A3-3-D0109	电缆敷设及防火封堵部分

（2）电气二次（见表8-3）。

表8-3　　　　　　HE-110-A3-3方案电气二次卷册目录

序号	卷册号	卷册名称
1	HE-110-A3-3-D0201	二次系统施工图设计说明及设备材料清册
2	HE-110-A3-3-D0202	公用设备二次线
3	HE-110-A3-3-D0203	变电站自动化系统
4	HE-110-A3-3-D0204	主变压器保护及二次线
5	HE-110-A3-3-D0205	110kV部分保护及二次线
6	HE-110-A3-3-D0206	故障录波及网络分析系统
7	HE-110-A3-3-D0207	10kV二次线
8	HE-110-A3-3-D0208	时钟同步系统
9	HE-110-A3-3-D0209	一体化电源系统

序号	卷册号	卷册名称
10	HE-110-A3-3-D0210	辅助控制系统
11	HE-110-A3-3-D0211	火灾报警系统

（3）土建（见表8-4）。

表8-4　　　　　　HE-110-A3-3方案土建卷册目录

序号	卷册编号	卷册名称
1	HE-110-A3-3-T0101	土建施工总说明及卷册目录
2	HE-110-A3-3-T0102	总图部分施工图
3	HE-110-A3-3-T0201	配电装置室建筑施工图
4	HE-110-A3-3-T0202	配电装置室结构施工图
5	HE-110-A3-3-T0203	辅助用房建筑结构施工图
6	HE-110-A3-3-T0204	消防泵房施工图
7	HE-110-A3-3-T0301	主变压器场地基础施工图
8	HE-110-A3-3-T0302	独立避雷针施工图
9	HE-110-A3-3-N0101	暖通部分
10	HE-110-A3-3-S0101	给排水施工图
11	HE-110-A3-3-S0102	消防泵房安装图
12	HE-110-A3-3-S0103	事故油池施工图

8.4 HE-110-A3-3方案三维模型

HE-110-A3-3方案总装模型见图8-1，主设备区模型见图8-2。

8.5 HE-110-A3-3方案主要图纸

HE-110-A3-3方案主要图纸见图8-3～图8-19。三维模型可扫描书中二维码获得。

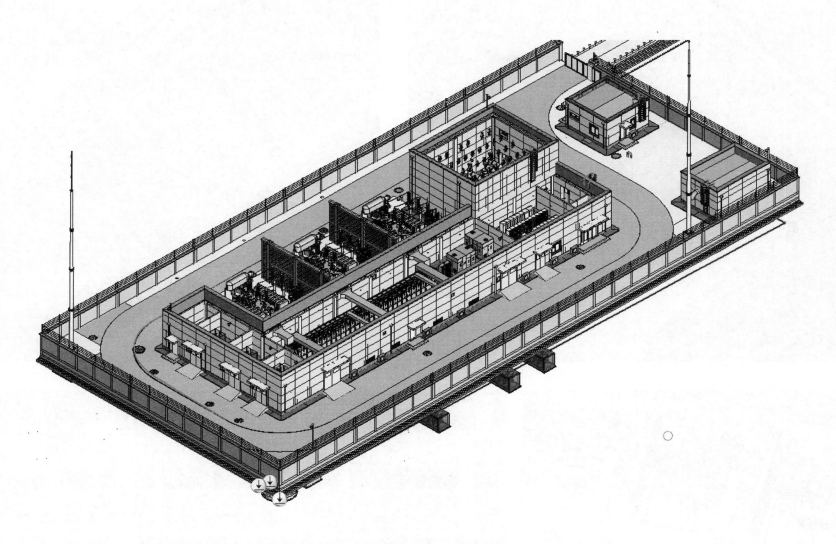

图 8 - 1　HE - 110 - A3 - 3 方案总装模型

(a)

(b)

(c)

(d)

图 8-2　HE-110-A3-3 方案设备区模型

（a）110kV GIS 区模型；（b）10kV 电容器区模型；（c）主变压器区模型；（d）10kV 开关柜模型

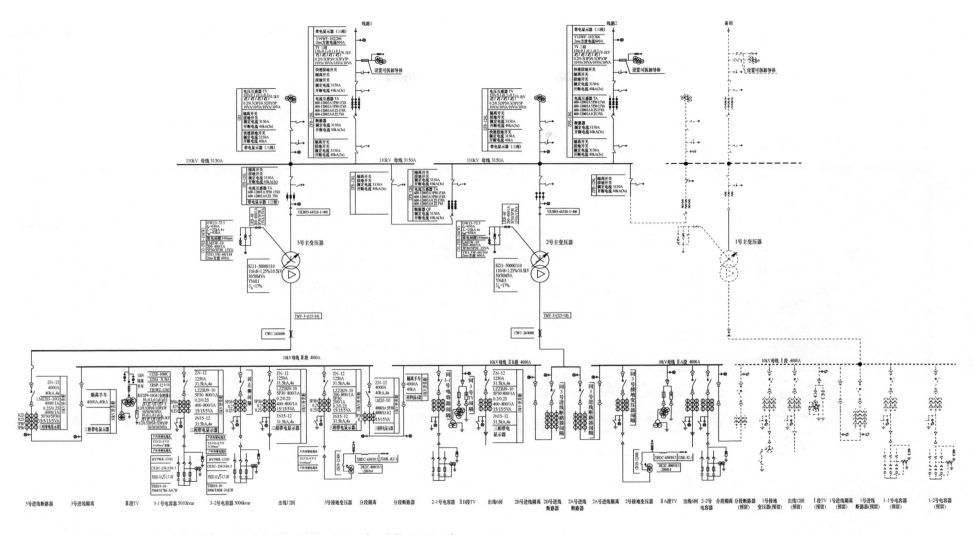

说明：1. 本站包括 110、10kV 两个电压等级；主变压器容量：远期 50MVA 3 台，本期 50MVA 2 台。

2. 110kV 出线远期 3 回，采用扩大内桥内桥接线。本期建设内桥接线。

3. 10kV 电缆出线远期 36 回，采用单母线四分段接线方式。本期 24 回电缆出线，采用单母线三分段接线方式。

4. 无功补偿：远期 10kV 电力电容器组 $3 \times (5+3)$ Mvar，本期 $2 \times (5+3)$ Mvar。

5. 虚线部分表示电气预留部分。

图 8-3　HE-110-A3-3 电气主接线图

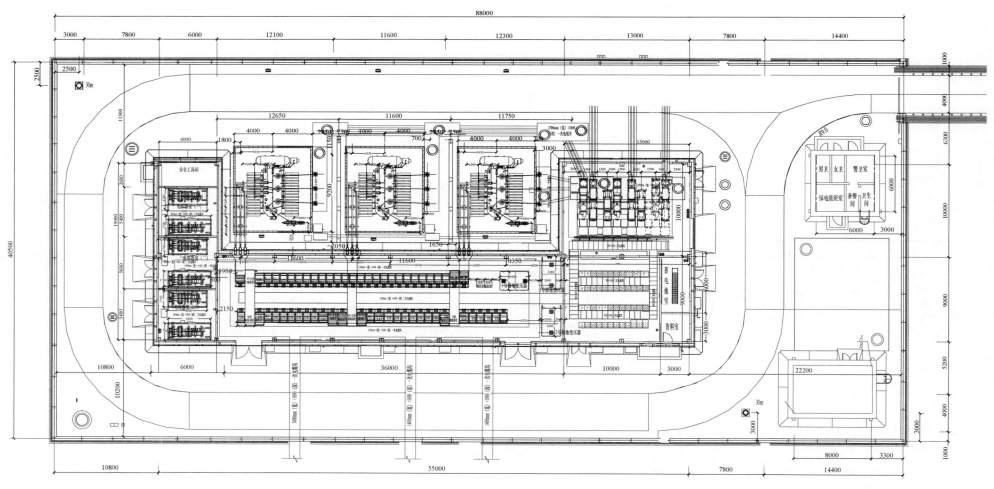

图 8-4　HE-110-A3-3 电气总平面布置图

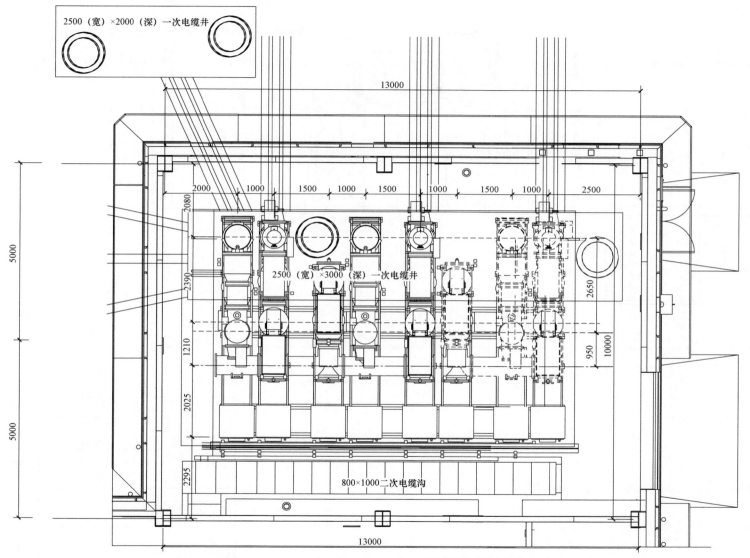

图 8-5　HE-110-A3-3 110kV 屋内配电装置平面布置图

2500（宽）×2000（深）一次电缆井

2500（宽）×3000（深）一次电缆井

800×1000二次电缆沟

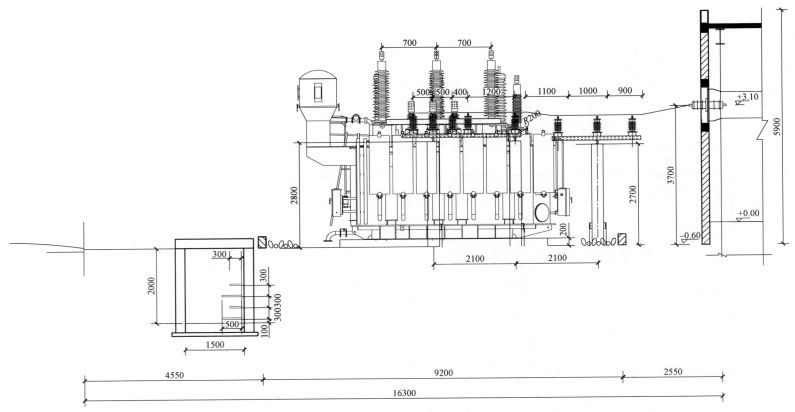

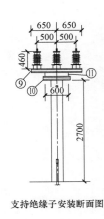

支持绝缘子安装断面图

说明：本图共立三根杆，其中靠近10kV室的杆高2.7m，另外两根杆高2.8m。

设 备 材 料 表

序号	名 称	规格及型号	单位	数量	备 注
1	变压器	SZ11－50000/110	台	1	
2	110kV电缆终端		支	3	
3	支持绝缘子	ZSW－24/12.5－4	支	21	爬距744mm
4	铜母线	TMY－125×10	m	117	双根并用
5	矩形母线固定金具	MWP－304	个	21	
6	铜母线伸缩节	MST－125×10 铜质	个	12	长度210mm、190mm各6个
7	矩形母线间隔垫	MJG－04	个	30	
8	10kV 母线绝缘热缩套		m		
9	槽钢	[8×1300	根	6	镀锌
10	槽钢	[10×650	根	1	镀锌
11	槽钢	[10×4500	根	2	镀锌
12	钢芯铝绞线	LGJ－300/25	m	60	

图 8－6 HE－110－A3－3 主变压器室外母线桥断面图

备注	二次接线盒在P2侧															
相序（正面柜前看从左至右）	C、B、A	A、B、C	C、B、A	A、B、C	A、B、C	A、B、C	A、B、C	A、B、C	A、B、C	A、B、C	A、B、C	A、B、C	A、B、C	A、B、C	A、B、C	A、B、C
柜内分支排规格																
表计																
开关状态指示仪	SD-5102	SD-5102	SD-5102	SD-5102	SD-5102	SD-5102	SD-5102	SD-5102	SD-5102	SD-5102	SD-5102	SD-5102	SD-5102	SD-5102	SD-5102	SD-5102
温湿度控制器																
带电显示装置	2×CZXD-1000C	CZXD-1000C	2×CZXD-1000C	CZXD-1000C	CZXD-1000C	CZXD-1000C	CZXD-1000C	CZXD-1000C	CZXD-1000C	CZXD-1000C	CZXD-1000C	CZXD-1000C	CZXD-1000C	CZXD-1000C	CZXD-1000C	CZXD-1000C
综合保护装置																
零序电流互感器																
变压器																
消谐器																
接地开关（电动并可手动）			JN15-12/31.5-210	JN15-12/31.5-210	JN15-12/31.5-210	JN15-12/31.5-210	JN15-12/31.5-210	JN15-12/31.5-210	JN15-12/31.5-210	JN15-12/31.5-210	JN15-12/31.5-210	JN15-12/31.5-210	JN15-12/31.5-210	JN15-12/31.5-210	JN15-12/31.5-210	JN15-12/31.5-210
避雷器在线监测器			3×JCQ5-66													
避雷器			YH5WZ-17/45 3只													
熔断器			NXURNP1-12/0.5A-50kA D=φ25mm L=195mm													
电压互感器			0.2/0.5(3P)/0.5(3P)/3P 50/50/50/50VA 3只 10√3:0.1/√3:0.1/√3:0.1/√3kV 0.2/0.5(3P)/0.5(3P)/3P 50/50/50/50VA 1只 10√3:0.1/√3:0.1/√3:0.1kV													
电流互感器	0.2S/0.2S 15/5VA 4000/1A	5P30/5P30 15/5VA 4000/1A		31.5kA/4s 80kA 5P30/0.2/0.2S 15/15/5VA 800/1A:400-800/1A:400-800/1A	31.5kA/4s 80kA 5P30/0.2/0.2S 15/15/5VA 800/1A:400-800/1A:400-800/1A	31.5kA/4s 80kA 5P30/0.2/0.2S 15/15/5VA 800/1A:400-800/1A:400-800/1A	31.5kA/4s 80kA 5P30/0.2/0.2S 15/15/5VA 800/1A:400-800/1A:400-800/1A	31.5kA/4s 80kA 5P30/0.2/0.2S 15/15/5VA 800/1A:400-800/1A:400-800/1A	31.5kA/4s 80kA 5P30/0.2/0.2S 15/15/5VA 800/1A:400-800/1A:400-800/1A	31.5kA/4s 80kA 5P30/0.2/0.2S 15/15/5VA 800/1A:400-800/1A:400-800/1A	31.5kA/4s 80kA 5P30/0.2/0.2S 15/15/5VA 800/1A:400-800/1A:400-800/1A	31.5kA/4s 80kA 5P30/0.2/0.2S 15/15/5VA 800/1A:400-800/1A:400-800/1A	31.5kA/4s 80kA 5P30/0.2/0.2S 15/15/5VA 800/1A:400-800/1A:400-800/1A	31.5kA/4s 80kA 5P30/0.2/0.2S 15/15/5VA 800/1A:400-800/1A:400-800/1A	31.5kA/4s 80kA 5P30/0.2/0.2S 15/15/5VA 800/1A:400-800/1A:400-800/1A	31.5kA/4s 80kA 5P30/0.2/0.2S 15/15/5VA 800/1A:400-800/1A:400-800/1A
主开关（电动可手车）	NPV-12 4000A/40kA	隔离手车 4000A	熔断器+避雷器手车 0.5A	NPV-12 1250A/31.5kA	NPV-12 1250A/31.5kA	NPV-12 1250A/31.5kA	NPV-12 1250A/31.5kA	NPV-12 1250A/31.5kA	NPV-12 1250A/31.5kA	NPV-12 1250A/31.5kA	NPV-12 1250A/31.5kA	NPV-12 1250A/31.5kA	NPV-12 1250A/31.5kA	NPV-12 1250A/31.5kA	NPV-12 1250A/31.5kA	NPV-12 1250A/31.5kA
面板开孔图																
画板实物图																
二次接线图																
二次原理图																
一次系统图																
柜体外形尺寸（宽×深×高）	1000×1800×2240	1000×1800×2240	1000×1500×2240	800×1500×2240	800×1500×2240	800×1500×2240	800×1500×2240	800×1500×2240	800×1500×2240	800×1500×2240	800×1500×2240	800×1500×2240	800×1500×2240	800×1500×2240	800×1500×2240	800×1500×2240
用途	3号进线开关柜I	3号进线隔离柜I	3号母线设备柜	3-2号电容器开关柜	3-1号电容器开关柜	馈线开关柜	馈线开关柜	馈线开关柜	馈线开关柜	馈线开关柜	馈线开关柜	馈线开关柜	馈线开关柜	馈线开关柜	馈线开关柜	馈线开关柜

一次系统图：储能电源 220VDC；控制电源 220VDC；额定电压 12kV；开关柜型号 KYN96；主母线规格 3×[3×TMY-(120×10)]；主母线电流 4000A

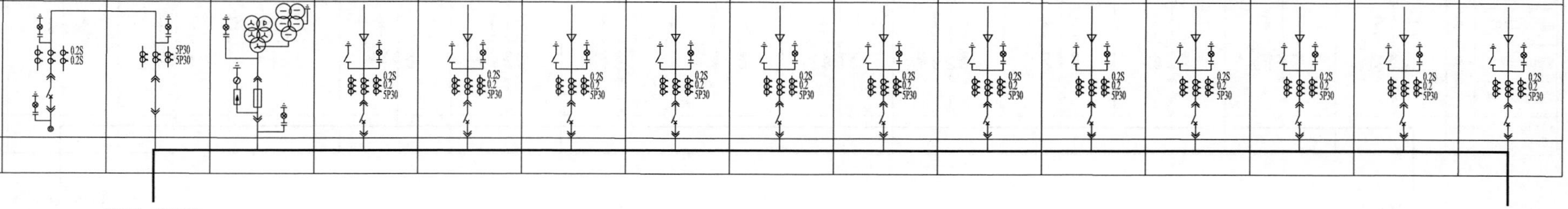

接图（三）–分段断路器柜　　　　接图（二）–馈线开关柜

图 8-7　HE-110-A3-3 10kV 屋内配电装置接线图（一）

备注														二次接线盒在P2测
相序（正面柜前看从左至右）	A、B、C	A、B、C	A、B、C	A、B、C	A、B、C	A、B、C	A、B、C	A、B、C	A、B、C	A、B、C	A、B、C	A、B、C	A、B、C	C、B、A
柜内分支排规格														
表计														
开关状态指示仪	SD-5102	SD-5102	SD-5102	SD-5102	SD-5102	SD-5102	SD-5102	SD-5102	SD-5102	SD-5102	SD-5102	SD-5102	SD-5102	SD-5102
温湿度控制器														
带电显示装置	CZXD-1000C	CZXD-1000C	CZXD-1000C	CZXD-1000C	CZXD-1000C	CZXD-1000C	CZXD-1000C	CZXD-1000C	CZXD-1000C	CZXD-1000C	CZXD-1000C	CZXD-1000C	CZXD-1000C	2×CZXD-1000C
综合保护装置														
零序电流互感器														
变压器														
消谐器														
接地开关（电动并可手动）	JN15-12/31.5-210	JN15-12/31.5-210	JN15-12/31.5-210	JN15-12/31.5-210	JN15-12/31.5-210	JN15-12/31.5-210	JN15-12/31.5-210	JN15-12/31.5-210	JN15-12/31.5-210	JN15-12/31.5-210	JN15-12/31.5-210	JN15-12/31.5-210		
避雷器在线监测器														
避雷器														
熔断器														
电压互感器														
电流互感器	31.5kA/4s 80kA 5P30/0.2/0.2S 15/15/5VA 800/1A:400~800/1A:400~800/1A	31.5kA/4s 80kA 5P30/0.2/0.2S 15/15/5VA 800/1A:400~800/1A:400~800/1A	31.5kA/4s 80kA 5P30/0.2/0.2S 15/15/5VA 800/1A:400~800/1A:400~800/1A	31.5kA/4s 80kA 5P30/0.2/0.2S 15/15/5VA 800/1A:400~800/1A:400~800/1A	31.5kA/4s 80kA 5P30/0.2/0.2S 15/15/5VA 800/1A:400~800/1A:400~800/1A	31.5kA/4s 80kA 5P30/0.2/0.2S 15/15/5VA 800/1A:400~800/1A:400~800/1A	31.5kA/4s 80kA 5P30/0.2/0.2S 15/15/5VA 800/1A:400~800/1A:400~800/1A	31.5kA/4s 80kA 5P30/0.2/0.2S 15/15/5VA 800/1A:400~800/1A:400~800/1A	31.5kA/4s 80kA 5P30/0.2/0.2S 15/15/5VA 800/1A:400~800/1A:400~800/1A	31.5kA/4s 80kA 5P30/0.2/0.2S 15/15/5VA 800/1A:400~800/1A:400~800/1A	31.5kA/4s 80kA 5P30/0.2/0.2S 15/15/5VA 800/1A:400~800/1A:400~800/1A	31.5kA/4s 80kA 5P30/0.2/0.2S 15/15/5VA 800/1A:400~800/1A:400~800/1A	5P30/5P30 15/5VA 4000/1A	0.2S/0.2S 15/5VA 4000/1A
主开关（电动并可手车）	NPV-12 1250A/31.5kA	NPV-12 1250A/31.5kA	NPV-12 1250A/31.5kA	NPV-12 1250A/31.5kA	NPV-12 1250A/31.5kA	NPV-12 1250A/31.5kA	NPV-12 1250A/31.5kA	NPV-12 1250A/31.5kA	NPV-12 1250A/31.5kA	NPV-12 1250A/31.5kA	NPV-12 1250A/31.5kA	NPV-12 1250A/31.5kA	隔离手车 4000A	NPV-12 4000A/40kA
面板开孔图														
面板实物图														
二次接线图														
二次原理图														
一次系统图														
柜体外形尺寸（宽×深×高）	800×1500×2240	800×1500×2240	800×1500×2240	800×1500×2240	800×1500×2240	800×1500×2240	800×1500×2240	800×1500×2240	800×1500×2240	800×1500×2240	800×1500×2240	800×1500×2240	1000×1800×2240	1000×1800×2240
用途	馈线开关柜	3号站用变压器开关柜	1-2号电容器开关柜	1-1号电容器开关柜	馈线开关柜	馈线开关柜	馈线开关柜	馈线开关柜	馈线开关柜	馈线开关柜	馈线开关柜	馈线开关柜	1号进线隔离柜	1号进线开关柜

储能电源：220VDC
控制电源：220VDC
额定电压：12kV
开关柜型号：KYN96
主母线规格：3×[3×TMY-(120×10)]
主母线电流：4000A

一次系统图

接图（一）-馈线开关柜

接图（四）-分段断路器柜

图 8-7　HE-110-A3-3 10kV 屋内配电装置接线图（二）

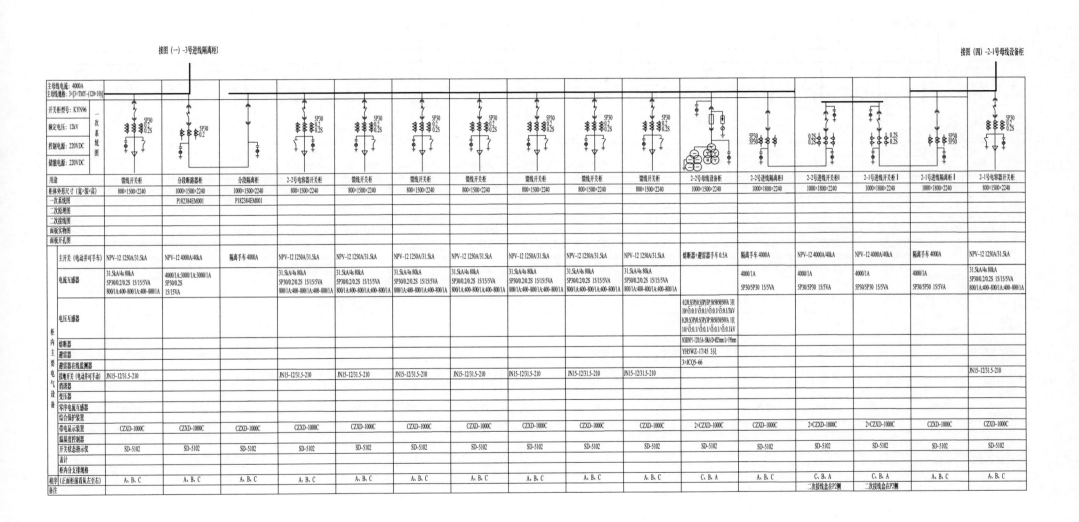

图 8-7　HE-110-A3-3 10kV 屋内配电装置接线图（三）

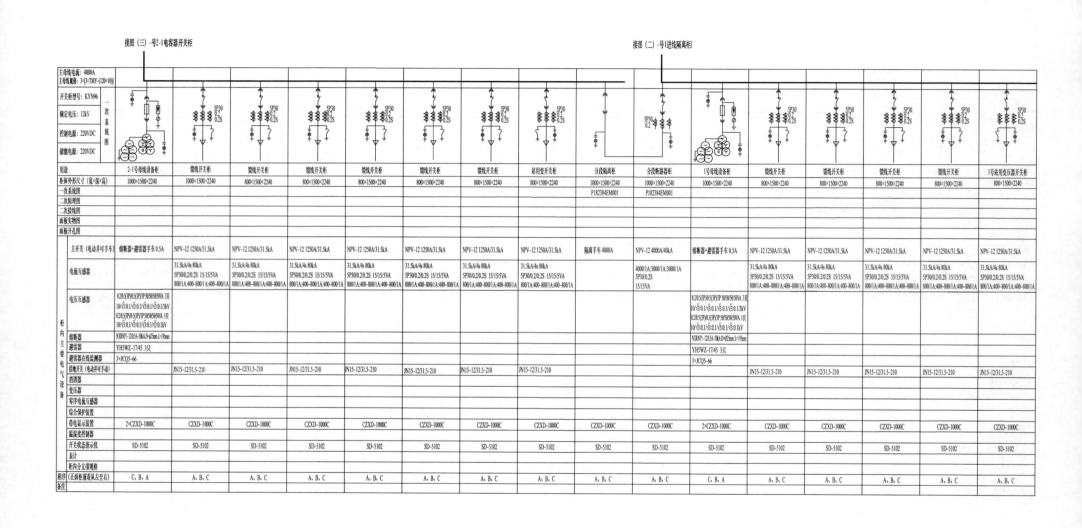

接图（三）-号2-1电容器开关柜　　　　　　　　　　　　　　　　　　　　　　接图（二）-号I进线隔离柜

主母线电流: 4000A															
主母线规格: 3×[3×TMY-(120×10)]															
开关柜型号: KYN96															
额定电压: 12kV															
控制电源: 220VDC															
储能电源: 220VDC															
用途	2-1号母线设备柜	馈线开关柜	馈线开关柜	馈线开关柜	馈线开关柜	馈线开关柜	馈线开关柜	站用变开关柜	分段隔离柜	分段断路器柜	1号母线设备柜	馈线开关柜	馈线开关柜	馈线开关柜	1号站用变压器开关柜
柜体外形尺寸（宽×深×高）	1000×1500×2240	1000×1500×2240	800×1500×2240	800×1500×2240	800×1500×2240	800×1500×2240	800×1500×2240	800×1500×2240	1000×1500×2240	1000×1500×2240	1000×1500×2240	800×1500×2240	800×1500×2240	800×1500×2240	800×1500×2240
一次系统图									P182384EM001	P182384EM001					
二次原理图															
二次接线图															
面板实物图															
面板开孔图															
主开关（电动并可手车）	熔断器+避雷器手车 0.5A	NPV-12 1250A/31.5kA	NPV-12 1250A/31.5kA	NPV-12 1250A/31.5kA	NPV-12 1250A/31.5kA	NPV-12 1250A/31.5kA	NPV-12 1250A/31.5kA	NPV-12 1250A/31.5kA	隔离手车 4000A	NPV-12 4000A/40kA	熔断器+避雷器手车 0.5A	NPV-12 1250A/31.5kA	NPV-12 1250A/31.5kA	NPV-12 1250A/31.5kA	NPV-12 1250A/31.5kA
电流互感器		31.5kA/4s 80kA 5P30/0.2/0.2S 15/15/5VA 800/1A:400~800/1A:400~800/1A	31.5kA/4s 80kA 5P30/0.2/0.2S 15/15/5VA 800/1A:400~800/1A:400~800/1A	31.5kA/4s 80kA 5P30/0.2/0.2S 15/15/5VA 800/1A:400~800/1A:400~800/1A	31.5kA/4s 80kA 5P30/0.2/0.2S 15/15/5VA 800/1A:400~800/1A:400~800/1A	31.5kA/4s 80kA 5P30/0.2/0.2S 15/15/5VA 800/1A:400~800/1A:400~800/1A	31.5kA/4s 80kA 5P30/0.2/0.2S 15/15/5VA 800/1A:400~800/1A:400~800/1A	31.5kA/4s 80kA 5P30/0.2/0.2S 15/15/5VA 800/1A:400~800/1A:400~800/1A		4000/1A:3000/1A:3000/1A 5P30/0.2S 15/15VA		31.5kA/4s 80kA 5P30/0.2/0.2S 15/15/5VA 800/1A:400~800/1A:400~800/1A	31.5kA/4s 80kA 5P30/0.2/0.2S 15/15/5VA 800/1A:400~800/1A:400~800/1A	31.5kA/4s 80kA 5P30/0.2/0.2S 15/15/5VA 800/1A:400~800/1A:400~800/1A	31.5kA/4s 80kA 5P30/0.2/0.2S 15/15/5VA 800/1A:400~800/1A:400~800/1A
电压互感器	0.2/0.5/3P/0.5/3P/3P 50/50/50/50VA 3只 10/√3:0.1/√3:0.1/√3:0.1/√3:0.12kV 0.2/0.5/3P/0.5/3P/3P 50/50/50/50VA 1只 10/√3:0.1/√3:0.1/√3:0.1kV									0.2/0.5/3P/0.5/3P/3P 50/50/50/50VA 3只 10/√3:0.1/√3:0.1/√3:0.1/√3:0.1/3kV 0.2/0.5/3P/0.5/3P/3P 50/50/50/50VA 1只 10/√3:0.1/√3:0.1/√3:0.1kV					
熔断器	NXRNP1-12/0.5A-50kA.D=φ25mm.l=195mm									NXRNP1-12/0.5A-50kA.D=φ25mm.l=195mm					
避雷器	YH5WZ-17/45 3只									YH5WZ-17/45 3只					
避雷器在线监测器	3×JCQ5-66									3×JCQ5-66					
接地开关（电动并可手动）		JN15-12/31.5-210	JN15-12/31.5-210	JN15-12/31.5-210	JN15-12/31.5-210	JN15-12/31.5-210	JN15-12/31.5-210					JN15-12/31.5-210	JN15-12/31.5-210	JN15-12/31.5-210	JN15-12/31.5-210
消谐器															
变压器															
零序电流互感器															
综合保护装置															
带电显示装置 温湿度控制器	2×CZXD-1000C	CZXD-1000C	CZXD-1000C	CZXD-1000C	CZXD-1000C	CZXD-1000C	CZXD-1000C	CZXD-1000C	CZXD-1000C	CZXD-1000C	2×CZXD-1000C	CZXD-1000C	CZXD-1000C	CZXD-1000C	CZXD-1000C
开关状态指示仪 表计	SD-5102	SD-5102	SD-5102	SD-5102	SD-5102	SD-5102	SD-5102	SD-5102	SD-5102	SD-5102	SD-5102	SD-5102	SD-5102	SD-5102	SD-5102
柜内分支支撑规格															
相序（正面柜底看队左至右）	C、B、A	A、B、C	A、B、C	A、B、C	A、B、C	A、B、C	A、B、C	A、B、C	A、B、C	A、B、C	C、B、A	A、B、C	A、B、C	A、B、C	A、B、C
备注															

图8-7　HE-110-A3-3 10kV屋内配电装置接线图（四）

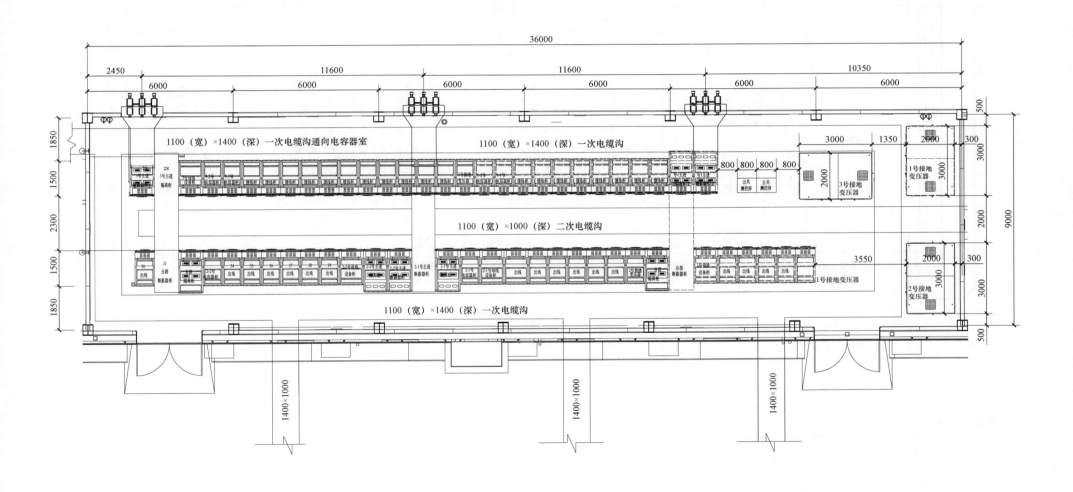

图 8-8　HE-110-A3-3 10kV 屋内配电装置平面布置图

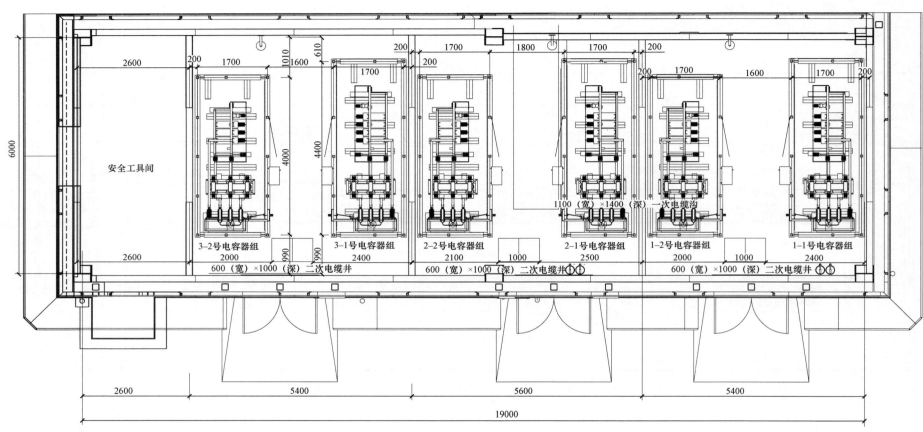

说明：1. 装置内预埋铁件与室内地面保持水平，并在地下生根。

　　　2. 设备基础预埋铁件及预埋镀锌钢管必须与地网可靠连接，确保导电良好。

　　　3. 10kV 电容器成套装置整体重量按照不小于 5t 进行设计。

　　　4. 10kV 每台干式铁芯电抗器重量按照不小于 2t 进行设计。

　　　5. 电缆管的弯曲半径不应小于所穿入电缆的最小允许弯曲半径，保护管的弯制角度应大于 90°；保护管的穿入电缆沟的角度沿电缆敷设方向为钝角。

图 8−9　HE−110−A3−3　并联电容器组平面布置图

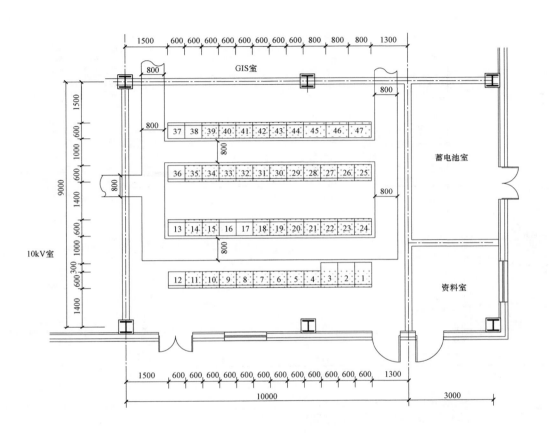

二次设备室设备材料表

屏号	名称	型式	数量			备注
			单位	本期	远期	
1	智能防误主机柜	2260×600×900（mm）	面	1		
2	监控主机柜	2260×600×900（mm）	面	1		
3	综合应用服务器及Ⅲ、Ⅳ区数据通信网关机柜	2260×600×900（mm）	面	1		
4	Ⅱ区区数据通信网关机柜	2260×600×600（mm）	面	1		
5	Ⅰ区数据通信网关机柜	2260×600×600（mm）	面	1		
6～7	调度数据网柜	2260×600×600（mm）	面	2		
8	故障录波柜	2260×600×600（mm）	面	1		
9	网络分析仪柜	2260×600×600（mm）	面	1		
10	智能辅助控制系统柜	2260×600×600（mm）	面	1		
11	时间同步柜	2260×600×600（mm）	面	1		
12～13	备用	2260×600×600（mm）	面		2	
14	视频监控主机屏	2260×600×600（mm）	面	1		
15	低频低压减载柜	2260×600×600（mm）	面	1		
16	预留［1号主变压器保护柜（2套主后合一保护）］	2260×600×600（mm）	面		1	
17	预留（1号主变压器测控柜）	2260×600×600（mm）	面		1	
18	2号主变压器保护柜（2套主后合一保护）	2260×600×600（mm）	面	1		
19	2号主变压器测控柜	2260×600×600（mm）	面	1		
20	3号主变压器保护柜（2套主后合一保护）	2260×600×600（mm）	面	1		
21	3号主变压器测控柜	2260×600×600（mm）	面	1		
22	110kV电能表及电能采集柜	2260×600×600（mm）	面	1		
23	110kV备自投柜	2260×600×600（mm）	面	1		
24	公用测控柜	2260×600×600（mm）	面	1		
25～35	通讯柜	2260×600×600（mm）	面	11		
36～37	备用	2260×600×600（mm）	面		2	
38	预留（接地变压器消弧控制柜）	2260×600×600（mm）	面		1	
39	接地变压器消弧控制柜1	2260×600×600（mm）	面	1		
40	一体化电源通信电源柜	2260×600×600（mm）	面	1		
41	一体化电源UPS电源柜	2260×800×600（mm）	面	1		
42～43	一体化电源直流馈线柜	2260×600×600（mm）	面	1		
44	一体化电源充电柜	2260×600×600（mm）	面	2		
45～47	一体化电源交流柜	2260×800×600（mm）	面	3		

说明：1. 主变压器保护双重化配置，主变压器保护屏含主后一体化保护装置。
2. 阴影部分为本期工程屏位。
3. 监控主机柜2P、综合应用服务器柜3P、智能防误主机柜1P为2260mm×600mm×900mm；交流馈线柜45～47P为2260mm×800mm×600mm；其余屏柜均为2260mm×600mm×600mm。

图8-10 HE-110-A3-3二次设备室屏位布置图

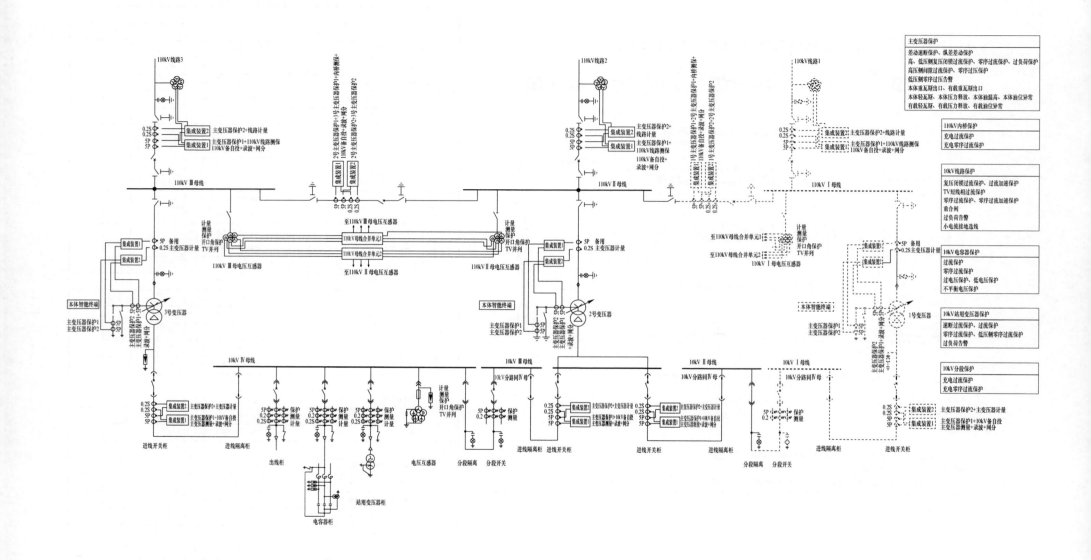

图 8-11　HE-110-A3-3 全站保护配置图

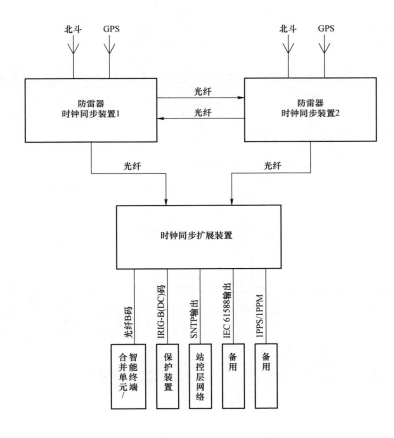

图 8－12　HE－110－A3－3 时钟同步系统结构示意图

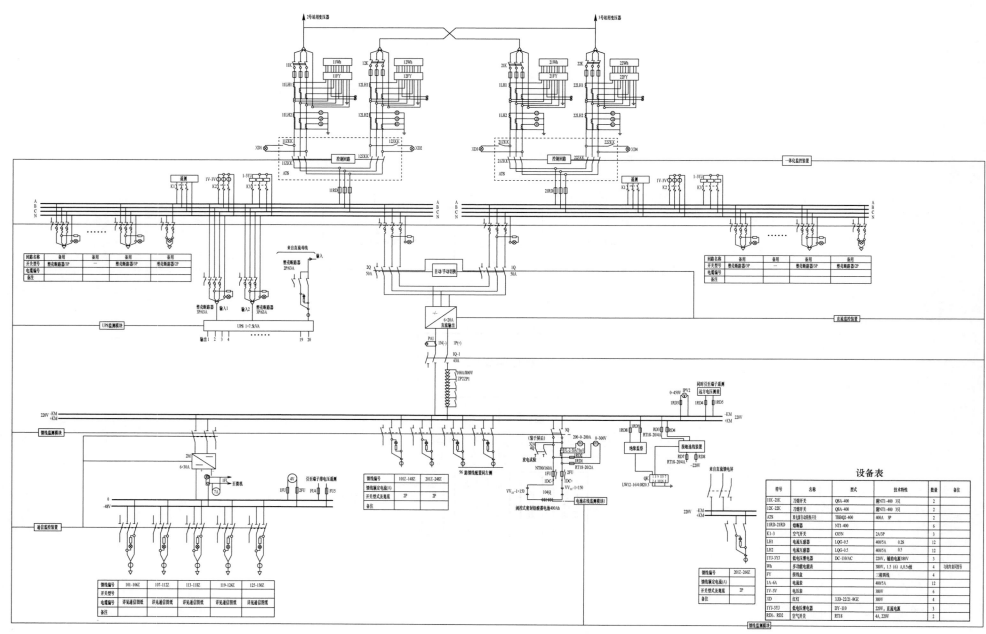

图 8-13　HE-110-A3-3 一体化电源系统原理图

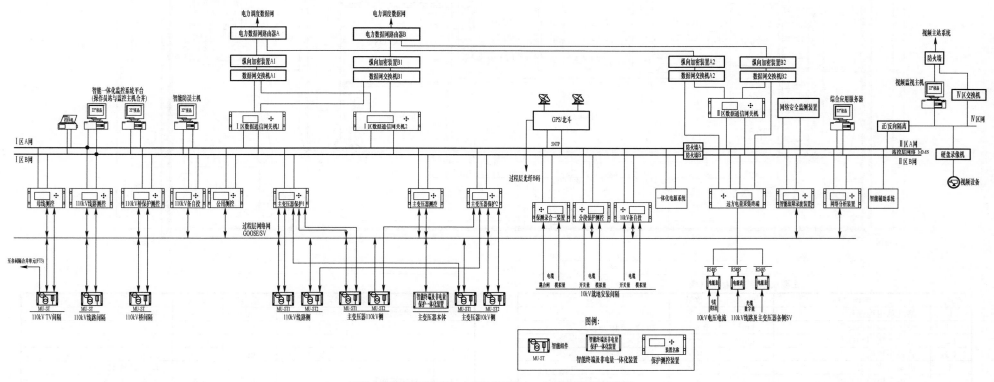

说明：配置相同的间隔，本图只绘制其中一个间隔的网络示意图。

图 8-14 HE-110-A3-3 自动化系统网络示意图

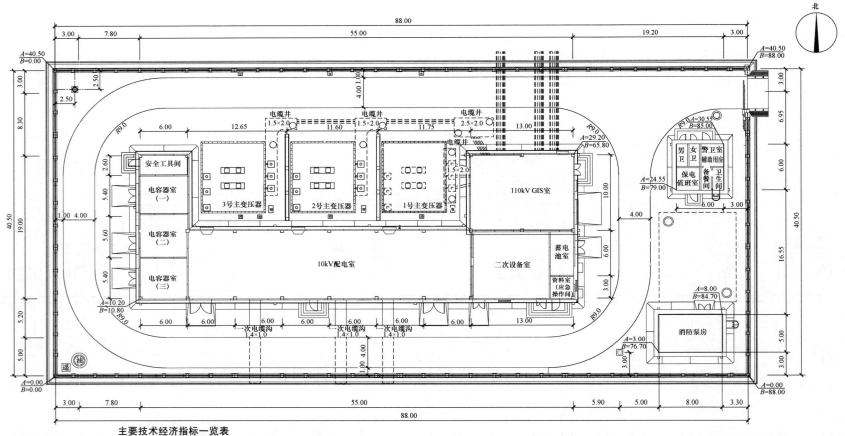

主要技术经济指标一览表

编号	指标名称		单位	数量	备注
1	站址总用地面积		hm²	××	折合××亩
1.1	站区围墙内占地面积		hm²	0.3564	折合5.346亩
1.2	进站道路用地面积		hm²	××	折合××亩
1.3	其他用地面积		hm²	××	折合××亩
2	进站道路长度		m	××	
3	站内主电缆沟长度		m	36	
4	站内外挡土墙体积		m³	0	
5	站内外护坡面积		m²	0	
6	站址土（石）方量	挖方	m³	-××	实方
		填方	m³	××	实方
7	站区场地平整	挖方	m³	-××	实方
		填方	m³	××	实方
8	进站道路	挖方	m³	0	实方

续表

编号	指标名称		单位	数量	备注
8	进站道路	填方	m³	××	实方
9	建（构）筑物基槽余土		m³	××	实方
10	土方平衡	弃土	m³	-××	实方
		购土	m³	××	实方
11	总建筑面积		m²	890	配电装置室 785 辅助用房 48 消防泵房 57
12	硬化地面		m²	1505	环保透水砖、碎石绝缘地面
13	站内道路		m²	831	4.0m 宽混凝土路面
14	站区围墙长度		m	252	

说明：
图中所标注尺寸及标高均以米（m）为单位。
1. 图中所标注尺寸及标高均以米（m）为单位。
2. 本图所注围墙坐标为围墙中心线坐标，围墙转角均为90°。

图 8-15 HE-110-A3-3 土建总平面布置图

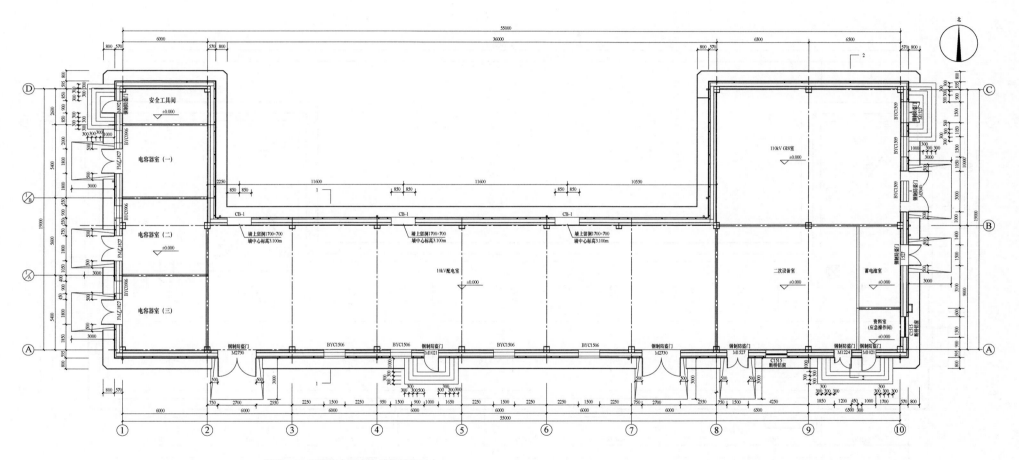

说明：1. 建筑物内所有内墙均轴线居中。
      2. 建筑外墙要求厂家做二次设计，考虑檩条排板、开洞加固、门窗洞口位置封边及雨篷等问题。

图 8–16 HE–110–A3–3 配电装置室平面布置图

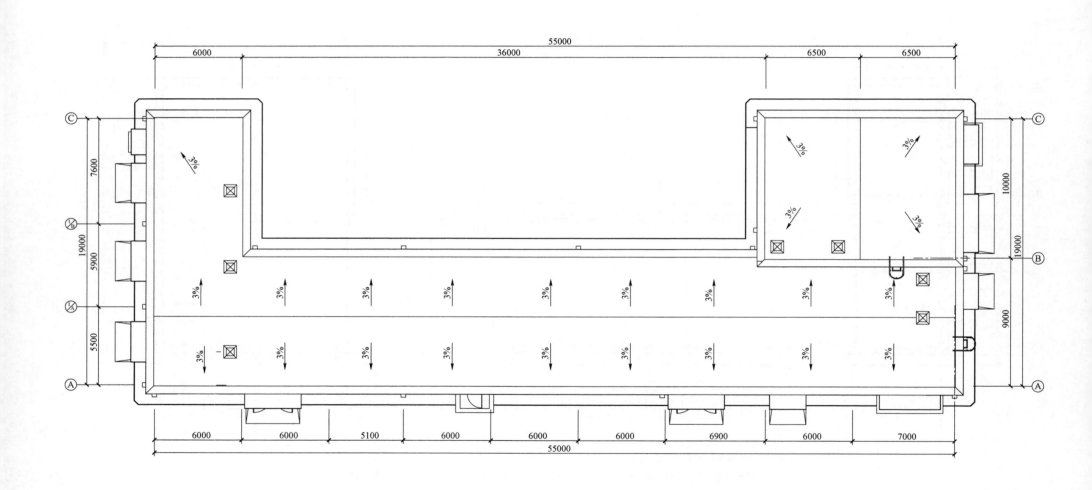

图 8-17　HE-110-A3-3 配电装置室屋面布置图

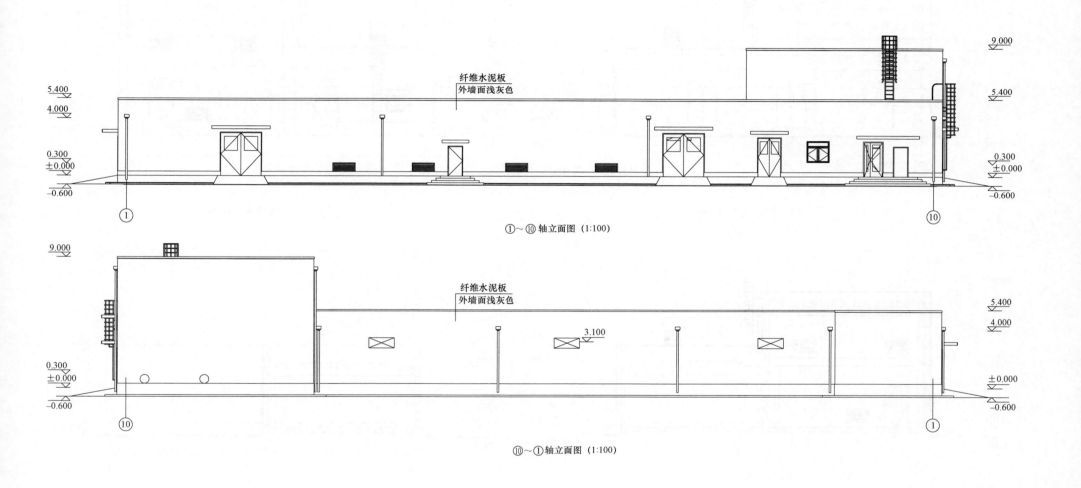

纤维水泥板
外墙面浅灰色

①~⑩轴立面图（1:100）

纤维水泥板
外墙面浅灰色

3.100

⑩~①轴立面图（1:100）

图 8-18　HE-110-A3-3 立面图（一）

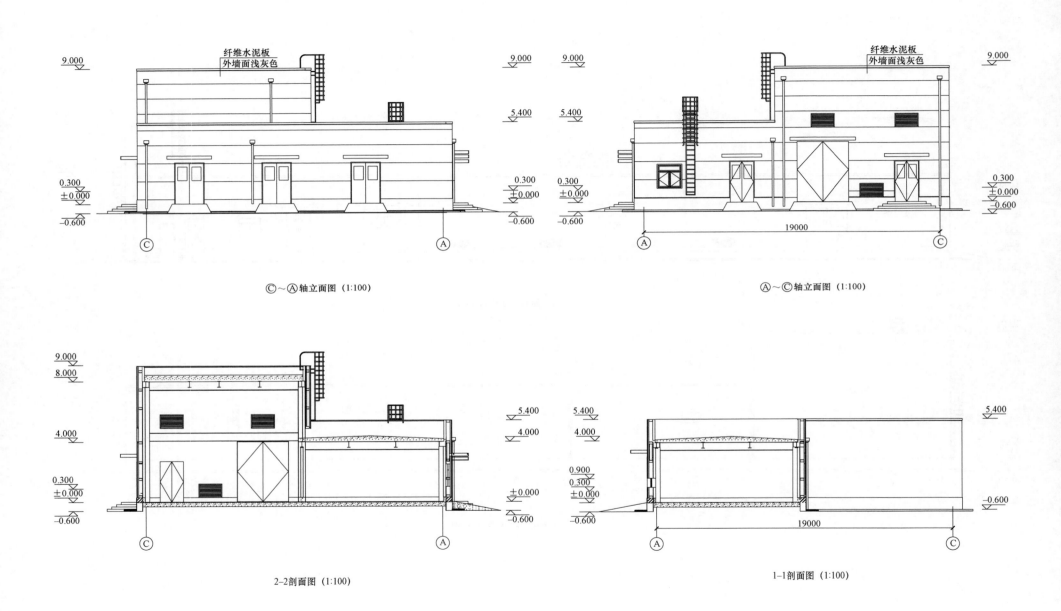

图 8-19 HE-110-A3-3 立面图（二）及剖面图

8.6 HE-110-A3-3 方案主要设备材料清册

（1）电气一次部分（见表8-5）。

表8-5　　　　HE-110-A3-3 方案电气一次部分主要设备材料清册

序号	设备名称	型号及规范	单位	数量	备注
1	主变压器				
（1）	电力变压器	三相双绕组自冷有载调压变压器，自然油循环自冷 型号：SZ11-50000/110 额定容量：50/50MVA 额定电压比：110±8×1.25%/10.5 kV 阻抗电压：$U_d(1-2)\%=17$ 接线组别：YN d11 110kV 中性点套管电流互感器：600-1200/1A 5P30/0.2S			
		本体智能终端	台	1	
		智能控制柜	面	1	
		预制电缆	套	1	
（2）	中性点成套装置	含隔离开关、电流互感器、避雷器、放电间隙	套	2	
（3）	铜母线	TMY-125×10	m	234	三根并用
（4）	支持绝缘子	ZSW1.1-24/12.5 爬距744mm	支	42	
（5）	钢芯铝绞线	LGJ-300/25	m	20	
（6）	铝设备线夹	SY-300/25B	个	2	
（7）	铜铝过渡设备线夹	SYG-300/25B	个	16	
（8）	铜铝过渡设备线夹	SYG-300/25B	个	14	
（9）	矩形母线固定金具	MWP-304	套	42	
2	110kV 户内配电装置				
（1）	110kV GIS（户内布置）				
①	终期建设规模	扩大内桥接线，终期 3 个电缆出线间隔，3 主变压器进线间隔，3 母线 TV 间隔，2 个分段间隔，共计 11 个间隔			
②	本期建设规模	内桥接线，2 个电缆出线间隔，2 个主变压器进线间隔，2 个母线 TV 间隔，1 个分段间隔，1 个分段预留间隔，共计 8 个间隔			
	断路器	126kV，3150A，40kA/3s，100kA	台	3	
	隔离开关	126kV，3150A，40kA/3s，100kA	组	10	
	接地开关	126kV，40kA/3s，100kA	组	11	
	快速接地开关	126kV，40kA/3s，100kA	组	4	
	可拆卸导体	126kV，3150A，40kA/3s，100kA	组	2	
	电流互感器	出线、分段：600-1200/1A 5P30/5P30/0.2S/0.2S 主进：600-1200/1A 5P30/0.2S			
	电压互感器	$(110/\sqrt{3})/(0.1/\sqrt{3})/(0.1/\sqrt{3})/(0.1/\sqrt{3})/0.1kV$ 0.2/0.5(3P)/0.5(3P)/3P			
	避雷器	YH10W-102/266 附在线监测仪 2ms 方波电流 600A			
	110kV 线路合并单元智能终端集成装置		台	4	
	110kV 分段合并单元智能终端集成装置		台	2	
	110kV 主变压器进线合并单元智能终端集成装置		台	4	
	110kV 母线合并单元智能终端集成装置		台	2	
	智能控制柜		面	7	
（2）	SF₆ 在线监控系统		套	1	计入二次
（3）	钢芯铝绞线	LGJ-300/25	m	60	
（4）	电力电缆	ZR-YJLW03-64/110-1×400	m	280	
（5）	室外电缆终端头	户外，与 YJLW03-64/110-1×400 配套	套	6	主变压器侧
（6）	室内电缆终端头	户内，与 YJLW03-64/110-1×400 配套	套	6	GIS 侧
（7）	直接接地箱（带箱）		台	2	
（8）	保护接地箱（带箱）		台	2	
（9）	接地电缆	YJV-8.7/15kV 1×240mm²	m	100	
3	10kV 配电装置				
（1）	10kV 主进断路器柜	12kV，4000A，40kA/4s	面	3	
（2）	10kV 主进隔离柜	12kV，4000A，40kA/4s	面	3	

序号	设备名称	型号及规范	单位	数量	备注
（3）	10kV 分段断路器柜	12kV，4000A，40kA/4s	面	1	
（4）	10kV 分段隔离柜	12kV，4000A，40kA/4s	面	2	
（5）	10kV 母线设备柜	12kV，1250A，31.5kA/4s	面	3	
（6）	10kV 电容器柜	12kV，1250A，31.5kA/4s	面	4	
（7）	10kV 接地变压器开关柜	12kV，1250A，31.5kA/4s	面	2	
（8）	10kV 馈线开关柜	12kV，1250A，31.5kA/4s	面	24	
（9）	10kV 开关柜验电小车	1000mm	台	2	
（10）	10kV 开关柜接地小车	1000mm 4000A	台	4	
（11）	10kV 开关柜检修小车	1000mm	台	2	
（12）	10kV 开关柜检修小车	800mm	台	6	
（13）	10kV 封闭母线桥	4000A	m	24	
（14）	穿墙套管	CWC－24/4000A 爬距744mm	支	6	
4	10kV 无功补偿装置、接地变部分				
（1）	10kV 成套无功补偿装置	TBB10－3006/334AKW	套	2	
（2）	10kV 成套无功补偿装置	TBB10－5004/417ACW	套	2	
（3）	电力电缆	ZR－YJLV22－8.7/15kV 3×240mm²	m	260	电容器
（4）	室内电缆终端头	HLYN 10kV 3×240mm²	套	12	电容器
（5）	自动调谐接地补偿装置	含接地变压器、消弧线圈、控制箱、控制屏	套	2	户内箱式
（6）	电力电缆	ZR－YJLV22－8.7/15kV 3×240mm²	m	40	接地变压器用
（7）	室内电缆终端头	HLYN 10kV 3×240mm²	套	4	接地变压器用
（8）	10kV 电缆绝缘冷缩管		m	12	
5	接地				

序号	设备名称	型号及规范	单位	数量	备注
（1）	接地铜排	－30×4	m	1800	
（2）	镀锌扁钢	－60×8	m	2000	
（3）	镀铜钢钎	φ25 L=2500mm	根	65	
（4）	镀锌圆钢	φ12	m	200	屋顶避雷带
（5）	焊点（放热熔接）		个	205	
（6）	接地测试井		口	4	
6	户外照明				
（1）	防眩灯	NSC9700－250W（带1.2m 高支架）	套	6	
（2）	户外检修箱	XW1－1（2）	个	2	
（3）	电力电缆	ZC－YJV22－0.6/1kV－3×6+1×4	m	250	
（4）	电力电缆	ZC－YJV22－0.6/1kV－3×4	m	200	
（5）	电力电缆	ZC－YJV22－0.6/1kV－3×6+1×4	m	50	电动大门
7	电缆防火				
（1）	有机速固防火堵料		t	1	
（2）	软质防火堵料		t	1	
（3）	防火涂料		t	0.25	
（4）	防火隔板		m²	150	

（2）电气二次部分（见表8－6）。

表8－6　　　　　HE－110－A3－3方案电气二次部分主要设备材料清册

序号	设备名称	规格型号	单位	数量	安装位置	备注
一	智能变电站计算机监控系统					
1	监控主机兼操作员工作站		套	1	二次设备室	
（1）	监控主机兼数据服务器兼操作员站	含安装系统软件及管理软件、应用软件，包括分析测试软件、AVQC、小电流接地选线、嵌入式防误闭锁软件、操作票专家系统等	台	2		组屏
（2）	显示器	19寸液晶	台	2		

序号	设备名称	规格型号	单位	数量	安装位置	备注
（3）	高级功能及一体化信息软件	含顺序控制、智能告警及故障信息综合分析决策、设备状态可视化、支撑经济运行化控制、源端维护等功能	套	2		
（4）	网络打印机		台	1		
（5）	移动打印机		台	2		
（6）	工具软件	含系统配置工具、模型校核工具	套	2		
（7）	柜体及其配件	全封闭，前门带屏蔽可视窗	面	1		
2	防误主机柜（每面含）		面	1		
（1）	防误主机		台	1		
（2）	防误软件		套	1		
（3）	操作票专家系统软件		套	1		
（4）	电脑钥匙及充电器		套	1	二次设备室	
（5）	"五防"锁具		套	1		按本期规模配置
（6）	柜体及其配件	全封闭，前门带屏蔽可视窗	面	1		
3	Ⅰ区数据通信网关机柜（每面含）		面	1		
（1）	Ⅰ区数据通信主机		台	2		
（2）	智能通信单元		台	1		
（3）	站控层Ⅰ区交换机	百兆、24电口、4光口	台	4		
（4）	柜体及其配件	全封闭，前门带屏蔽可视窗	面	1		
4	综合应用服务器柜		面	1		
（1）	综合应用服务器		台	1		
（2）	显示器	19寸液晶	台	1		
（3）	KVM切换器		台	1		
（4）	正反向隔离装置		台	2		
（5）	Ⅳ区交换机	百兆、24电口、4光口	台	1		
（6）	柜体及其配件	全封闭，前门带屏蔽可视窗	面	1		

序号	设备名称	规格型号	单位	数量	安装位置	备注
5	Ⅱ区数据通信网关机柜（每面含）		面	1		
（1）	Ⅱ区数据通信网关机		台	1		
（2）	站控层Ⅱ区交换机	百兆、24电口、4光口	台	2		
（3）	网络安全监测		台	1		
（4）	Ⅰ/Ⅱ区防火墙		台	2		
（5）	Ⅲ/Ⅳ区防火墙		台	1		
（6）	柜体及其配件	全封闭，前门带屏蔽可视窗	面	1		
6	公用测控柜（每面含）		面	1		
（1）	公用测控装置		台	3		
（2）	柜体及其配件	全封闭，前门带屏蔽可视窗	面	1		
7	10kV公用测控柜（每面含）		面	2	二次设备室	
（1）	公用测控装置		台	1		
（2）	10kV网络交换机	百兆、24电口、4光口	台	2		
（3）	网络安全监测	全封闭，前门带屏蔽可视窗	面	1		
8	2号主变压器测控柜（每面含）		面	1		
（1）	主变压器高压测控装置		台	1		
（2）	主变压器低压测控装置		台	2		
（3）	主变压器本体测控装置		台	1		
（4）	柜体及其配件	全封闭，前门带屏蔽可视窗	面	1		
9	3号主变压器测控柜（每面含）		面	1		
（1）	主变压器高压测控装置		台	1		
（2）	主变压器低压测控装置		台	1		
（3）	主变压器本体测控装置		台	1		
（4）	柜体及其配件	全封闭，前门带屏蔽可视窗	面	1		
10	110kV线路测控装置		台	2	110kV进线GIS汇控柜	

序号	设备名称	规格型号	单位	数量	安装位置	备注
11	110kV 桥保护测控装置		台	1	110kV 桥GIS 汇控柜	
12	110k 母线测控装置		台	2	110kV 主变压器高压侧及 TV 间隔GIS 汇控柜	
13	10kV 线路保护测控装置		台	24		
14	10kV 分段保护测控装置		台	1		
15	10kV 备用自动投入装置		台	1		
16	10kV 电容器保护测控装置		台	4		
17	10kV 接地变压器保护测控装置		台	2		
18	10kV 母线电压并列装置		台	2		
19	10kV 母线测控装置		台	3		
20	10kV 网络交换机	百兆、24 电口、4 光口	台	4		
21	通信网线					
(1)	超五类屏蔽网线	铠装,屏蔽	m	按需		随监控系统成套
(2)	屏蔽双绞线	铠装,屏蔽	m	按需		随监控系统成套
(3)	多模尾缆	非金属铠装、阻燃、层绞	m	按需		随监控系统成套
(4)	8 芯预制多模光缆(非金属铠装、阻燃、层绞)		m	按需		
(5)	12 芯预制多模光缆(非金属铠装、阻燃、层绞)		m	按需		
(6)	预制多模光缆接头盒		台	按需		
二	继电保护及安全自动装置					
1	主变压器保护柜(每面含)		面	2	二次设备室	
(1)	主变压器保护装置		台	2		
(2)	过程层交换机	16 个百兆口,4 个千兆口	台	1		随监控系统
(3)	柜体及其配件	全封闭,前门带屏蔽可视窗	面	1		

序号	设备名称	规格型号	单位	数量	安装位置	备注
2	110kV 备自投柜(每面含)		面	1	二次设备室	
(1)	110kV 备自投柜		台	1		
(2)	过程层交换机	16 个百兆口,4 个千兆口	台	2		随监控系统
(3)	柜体及其配件	全封闭,前门带屏蔽可视窗	面	1		
3	低频低压减载柜(每面含)		面	1		
(1)	低频低压减载装置		台	2		
(2)	柜体及其配件	全封闭,前门带屏蔽可视窗	面	1		
4	故障录波屏(每面含)		套	1		
(1)	管理机单元		台	1		
(2)	数据记录单元		台	1		
(3)	工业显示器		台	1		
(4)	柜体及其配件	全封闭,前门带屏蔽可视窗	面	1		
5	网络分析仪屏(随监控系统,每面含)		套	1		随监控系统
(1)	网络报文记录分析装置		台	1		
(2)	网络报文记录分析装置		台	2		
(3)	柜体及其配件	全封闭,前门带屏蔽可视窗	面	1		
三	电能量计费					
1	电能采集柜(每面含)		面	1	二次设备室	
(1)	电能量远动终端		台	1		
(2)	柜体及其配件	全封闭,前门带屏蔽可视窗	面	1		
2	电能表					
(1)	数字式三相三线电能表(关口表)	0.2S 级,100V、1A	块	3	主变压器10kV 进线开关柜	具备 IEC 61850 规约
(2)	数字式三相四线电能表	0.5S 级,57.7V、1A	块	4	电能采集柜安装	具备 IEC 61850 规约
(3)	全电子多功能三相三线电能表	0.5S 级,100V、1A	块	30	10kV 线路开关柜	
3	屏蔽双绞线	铠装,屏蔽	m	按需		

序号	设备名称	规格型号	单位	数量	安装位置	备注
四	一体化电源系统					
1	交流电源柜		面	3		
2	220V 直流电源					
（1）	直流充电柜	含 20A 充电模块 6 个、一体化监控装置 1 套	面	1		
（2）	直流馈线柜		面	2		
3	通信电源柜		面	1		
4	逆变电源柜		面	1		
5	蓄电池（共含）					
（1）	阀控铅酸蓄电池	400Ah，2V 单体	个	104		
（2）	蓄电池架及其配件		套	1		
五	公用系统					
1	同步时钟对时柜（每面含）		面	1		
（1）	同步主时钟对时装置		台	2	二次设备室	
（2）	同步时钟扩展装置		台	2		
（3）	柜体及其配件	全封闭，前门带屏蔽可视窗	面	1		
2	智能辅助控制系统（每套含）		套	1		
（1）	视频子系统					
①	室内快球		台	11		
②	室外快球		台	7		
③	防护罩		只	7		
④	三合一防雷器		套	18		
⑤	站端视频处理单元	16 路嵌入式	套	2		
⑥	视频专用硬盘	SATA、1T、7200 转	只	4		
⑦	网络存储单元		套	1		
（2）	安全警卫子系统					
①	主动红外对射报警器	100m	对	1		
②	电子围栏	2 区域控制器，6 线安装	套	1		

序号	设备名称	规格型号	单位	数量	安装位置	备注
（3）	门禁子系统					
①	门禁		套	2		
②	读卡器		个	6		
③	开门按钮		个	2		
④	电磁锁		个	2		
（4）	环境监测子系统					
①	环境数据采集单元		台	1		
②	温湿度传感器		套	8		
③	风速传感器		个	1		
④	空调控制器		个	10		
⑤	SF₆ 探测器		个	10		
（5）	智能灯光控制子系统					
	灯光智能控制单元		台	3		
（6）	其他					
①	综合电源		台	1		
②	液晶显示器		台	2		
③	柜体及其配件	全封闭，前门带屏蔽可视窗	面	2		
④	智能辅助系统后台主机		台	2		
⑤	视频系统后台主机		台	2		
⑥	智能接口设备		台	1		
⑦	安装辅料	热镀锌管、PVC 管等	套	1		
⑧	铠装阻燃屏蔽电缆		套	1		
六	调度数据网设备（每套含）		套	2		
1	路由器		台	1	二次设备室	
2	交换机		台	2		
3	纵向加密认证装置		台	2		
4	柜体及其配件	全封闭，前门带屏蔽可视窗	面	1		
5	路由器、交换机、纵向加密认证装置安装及调试费		套	1		

序号	设备名称	规格型号	单位	数量	安装位置	备注
七	过程层设备					
1	110kV GIS 智能控制柜					随 110kV GIS 设备供应
（1）	110kV 2 号主变压器线路间隔智能控制柜		面	1		
①	线路合并单元、智能终端合一装置		台	2		
②	柜体及其配件		面	1		
③	相应预制电缆及附件		套	1		
（2）	110kV 3 号主变压器线路间隔智能控制柜		面	1		
①	线路合并单元、智能终端合一装置		台	2		
②	柜体及其配件		面	1		
③	相应预制电缆及附件		套	1		
（3）	110kV 2 号主变压器高压侧及 TV 间隔智能控制柜		面	1		
①	合并单元		台	1		
②	主变压器高压侧合并单元、智能终端合一		台	2		
③	智能终端		台	1		
④	柜体及其配件		面	1		
⑤	相应预制电缆及附件		套	1		
（4）	110kV 3 号主变压器高压侧及 TV 间隔智能控制柜		面	1		
①	合并单元		台	1		
②	主变压器高压侧合并单元、智能终端合一装置		台	2		
③	智能终端		台	1		
④	柜体及其配件		面	1		
⑤	相应预制电缆及附件		套	1		
（5）	110kV 桥间隔智能控制柜		面	1		
①	桥合并单元、智能终端合一装置		台	2		

序号	设备名称	规格型号	单位	数量	安装位置	备注
②	柜体及其配件		面	1		
③	相应预制电缆及附件		套	1		
2	主变压器本体智能终端柜（每面含）		面	2	主变压器区	随主变压器本体供应
（1）	本体智能终端	含非电量保护功能	台	1		
（2）	柜体及其配件		面	1		
（3）	相应预制电缆及附件		套	1		
3	主变压器低压侧智能终端、合并单元合一装置		台	6	10kV 主变压器进线柜安装	随 10kV 开关柜供应
八	消弧控制柜		面	1		随一次消弧线圈设备供应
九	检修箱		台	1	主变压器配电装置	
十	电力和控制电缆及其配件					
1	电力电缆（金属铠装、阻燃）					
（1）	电力电缆	ZC－YJV22－600/1000－4×185＋1×95	m	按需		
（2）	电力电缆	ZC－YJV22－600/1000－4×35＋1×16	m	按需		
（3）	电力电缆	ZC－YJV22－600/1000－4×25＋1×16	m	按需		
（4）	电力电缆	NH－YJV22－600/1000－4×35	m	按需		耐火 NH，阻燃 ZC
（5）	电力电缆	NH－YJV22－600/1000－2×16	m	按需		耐火 NH，阻燃 ZC
（6）	电力电缆	ZR－YJV22－600/1000－1×150	m	按需		
2	控制电缆					
（1）	控制电缆	ZRA－KVVp2－22－450/750－10×4	m	按需		
（2）	控制电缆	ZRA－KVVp2－22－450/750－4×4	m	按需		
（3）	控制电缆	NH－KVVp2－22－450/750－4×4	m	按需		耐火 NH，阻燃 ZR

序号	设备名称	规格型号	单位	数量	安装位置	备注
（4）	控制电缆	ZRA-KVVp2-22-450/750-4×2.5	m	按需		
（5）	控制电缆	ZRA-KVVp2-22-450/750-14×1.5	m	按需		
（6）	控制电缆	ZRA-KVVp2-22-450/750-10×1.5	m	按需		
（7）	控制电缆	ZRA-KVVp2-22-450/750-4×1.5	m	按需		
3	二次接地系统					
（1）	屏蔽电缆用接地线	4mm² 多股黄绿花线	m	按需		控制电缆接地用
（2）	接地铜排	4×25mm²	m	按需		等电位接地网用
（3）	接地用多股绝缘线	JBQ-1×120	m	按需		等电位接地网用
（4）	接地用多股绝缘线	50mm²	m	按需		等电位接地网用
（5）	绝缘子	380V	个	按需		等电位接地网用
（6）	热熔焊点		个	按需		等电位接地网用
4	光缆槽盒					
（1）	耐火光缆槽盒	200×100mm²	m	按需		
（2）	耐火光缆槽盒三通	200×100mm²	个	按需		
（3）	耐火光缆槽盒弯通	200×100mm²	个	按需		
5	二次电缆防火材料(消防部门认证的产品)					
（1）	电缆防火涂料	20kg/桶	桶	按需		

序号	设备名称	规格型号	单位	数量	安装位置	备注
（2）	电缆防火堵料	20kg/箱	箱	按需		
（3）	无机防火隔板	厚 10mm	m²	按需		
（4）	L 形无机防火隔板	长 1600mm×宽 300mm×厚 10mm；电缆托臂层隔板翻边高 80mm	块	按需		
（5）	L 形无机防火隔板	长 1600mm×宽 300mm×厚 10mm；电缆托臂层隔板翻边高 50mm	块	按需		
6	站用变压器低压侧电缆头					
7	2M 同轴电缆		m	按需		

8.7 HE-110-A3-3 方案图纸通用性说明

（1）电气一次。

电气一次部分共有 9 卷图纸，84 张图。其中完全可通用的 46 张，微调可通用 27 张，合计通用 73 张，不可通用 11 张。微调可通用是指在原位置替换厂家设备图纸即可，主要是指对主变压器、开关柜等外形结构变化不大的设备进行替换；不可通用是针对组合电器、电容器组等设备因为厂家不同结构差异较大的，消弧线圈等设备因为工程不同参数不同的情况，不能应用通用图纸需要根据厂家资料绘制图纸。具体的图纸通用性说明见表 8-7。

表 8-7　　　　　　　　　　　　HE-110-A3-3方案电气一次图纸通用性说明

卷册	完全通用	微调通用	微调原因	不可通用	不可通用原因
总图部分 （5张图）	—	① D101-01 说明书 ② D101-02 材料清册 ③ D101-03 电气主接线图 ④ D101-04 电气总平面布置图	设备型号、外形不同	D101-05 短路电流计算及设备选择结果	接入系统不同，不具有通用性
110kV配电装置部分 （8张图）	注：在本卷册所有图纸中接线、GIS设备定位、二次电缆沟、电缆井尺寸及定位、出线形式等固定通用	① D102-01 卷册施工设计说明 ② D102-02 110kV GIS电气主接线图 ③ D102-03 110kV GIS电气主接线及气室分隔图 ④ D102-04 110kV屋内配电装置平面布置图 ⑤ D102-08 卷册主要设备材料表	厂家设备型号、外形不同，定位不变，微调后可通用	① D102-05 110kV屋内配电装置出线间隔断面图 ② D102-06 110kV屋内配电装置主变压器进线间隔断面图 ③ D102-07 110kV内桥间隔断面图	厂家设计结构差异大
主变压器及附属设备安装部分 （13张图）	① D103-07 母线伸缩节安装图 ② D103-08 穿墙套管安装图 ③ D103-09 检修电源箱安装图 ④ D103-10 主变压器智能组件柜安装图 ⑤ D103-11 支柱绝缘子安装图 ⑥ D103-12 电缆支架安装图	① D103-01 卷册施工设计说明 ② D103-02 主变压器平面布置图 ③ D103-03 主变压器室外母线桥断面图 ④ D103-04 主变压器及中性点断面图 ⑤ D103-05 主变压器及电缆终端断面图 ⑥ D103-13 卷册主要设备材料表	厂家设备型号、外形不同，定位不变，微调后可通	D103-06 中性点设备安装图	设备结构差异大，不可通用
10kV屋内配电装置部分（6张图）	D104-05 10kV配电装置基础安装图 注：在本卷册所有图纸中开关柜、接地变压器的布置、二次电缆沟、一次电缆沟的定位及尺寸、出线形式等固定通用	① D104-01 卷册施工设计说明 ② D104-02 10kV屋内配电装置接线图 ③ D104-03 10kV屋内配电装置平面布置图 ④ D104-04 10kV屋内配电装置间隔断面图 ⑤ D104-06 卷册主要设备材料表	厂家设备外形不同，定位不变，微调后可通用		
无功补偿部分 （6张图）	注：电容器组的布置、二次电缆井、一次电缆沟的定位及尺寸等固定通用	① D105-01 卷册施工设计说明 ② D105-02 并联电容器组平面布置图 ③ D105-06 卷册主要设备材料表	厂家设备型号、外形不同，定位不变，微调后可通用	① D105-03 并联电容器组断面布置图 ② D105-04 4号、6号并联电容器组安装图 ③ D105-05 3号、5号并联电容器组安装图	设备结构差异大，不可通用
接地变压器消弧线圈部分 （5张图）	注：接地变压器的定位可通用	① D106-01 卷册施工设计说明 ② D106-05 卷册主要设备材料表	设备型号不同，微调后可通用	① D106-02 接地变压器消弧线圈接线图 ② D106-03 消弧线圈断面布置图 ③ D106-04 接地变压器消弧线圈成套装置安装图	工程不同，补偿容量不同，外形尺寸不同，不可通用
全站防雷接地部分 （16张图）	① D107-02 避雷针保护范围图 ② D107-04 建筑物内接地装置布置图 ③ D107-05 屏柜接地示意图 ④ D107-06 建筑物引出接地线安装图 ⑤ D107-07 接地线穿墙穿楼板安装图 ⑥ D107-08 设备支架接地端子安装图	① D107-01 卷册施工设计说明 ② D107-03 接地网平面布置图	地质不同，设备接地位置不同，微调后可通用		

卷册	完全通用	微调通用	微调原因	不可通用	不可通用原因
全站防雷接地部分 （16张图）	⑦ D107-09 灯具接地示意图 ⑧ D107-10 接地线连接安装图 ⑨ D107-11 垂直接地体加工安装图 ⑩ D107-12 接地干线过电缆沟示意图 ⑪ D107-13 金属管道接地施工图 ⑫ D107-14 嵌入或壁挂式箱体接地示意图 ⑬ D107-15 门窗、风机等接地示意图 ⑭ D107-16 卷册主要设备材料表	① D107-01 卷册施工设计说明 ② D107-03 接地网平面布置图	地质不同，设备接地位置不同，微调后可通用		
全站动力照明部分 （12张图）	① D0108-01 卷册施工设计说明 ② D0108-02 户外照明布置图 ③ D0108-03 户外照明安装图 ④ D0108-04 室内照明系统图 ⑤ D0108-05 配电装置室照明布置图 ⑥ D0108-06 配电装置室动力布置图 ⑦ D0108-07 消防水泵房照明、动力布置图 ⑧ D0108-08 辅助用房照明、动力布置图 ⑨ D0108-09 室内检修电源箱接线图 ⑩ D0108-10 照明箱订货图一 ⑪ D0108-11 照明箱订货图二 ⑫ D0108-12 卷册主要设备材料表				
电缆敷设及防火封堵部分（13张图）	① D109-01 卷册施工设计说明 ② D109-02 电缆防火设施布置图 ③ D109-03 电缆沟阻火墙封堵示意图 ④ D109-04 电缆沟防火隔墙 ⑤ D109-05 电缆隧道防火隔墙 ⑥ D109-06 电缆穿管孔洞封堵示意图 ⑦ D109-07 箱体穿管封堵示意图 ⑧ D109-08 盘、柜底部封堵示意图 ⑨ D109-09 电缆管穿墙封堵示意图 ⑩ D109-10 一次电缆穿隧道板孔洞封堵示意图 ⑪ D109-11 楼（隧道）板预留孔洞封堵示意图 ⑫ D109-12 防火槽盒封堵示意图 ⑬ D109-13 卷册主要设备材料表				

（2）土建。

土建部分共有 12 卷图纸，79 张图。其中完全可通用的 43 张，微调可通用 22 张，合计通用 65 张，不可通用 14 张。微调可通用是指在地震烈度、地基承载力、站内外高差、给排水方式相差不大时适当修改图纸即可，主要是指 110kV GIS 基础、电容器组基础、接地变压器基础等图纸；不可通用是指受站址位置、地基承载力、站内外高差、GIS 设备吊点等因为具体外部情况不同而造成计算结果差异较大的，主要是指征地图、土方平整图、配电装置室结构施工图等，不能应用通用图纸需要根据具体工程绘制图纸。具体的图纸通用性说明见表 8-8。

卷册	完全通用	微调通用	微调原因	不可通用	不可通用原因
土建施工总说明及卷册目录(2 张图)	① T0101-01 卷册目录 ② T0101-03 标准工艺应用清单				
总平面布置图 （8 张图）	T0102-04 室外电缆沟施工图	① T0102-02 土建总平面布置图 ② T0102-03 竖向布置及场地硬化图 ③ T0102-05 围墙平面布置图 ④ T0102-06 围墙大门施工图	与进出线方向、建站大门方向有关	① T0102-01 征地图 ② T0102-07 进站道路施工图 ③ T0102-08 土方平整图	与站址位置、地形有关
配电装置室建筑施工图 （12 张图）	① T0201-01 建筑设计说明及门窗表 ② T0201-02 配电装置室平面布置图 ③ T0201-03 配电装置室屋面布置图 ④ T0201-04 立面图（一） ⑤ T0201-05 立面图（二）及剖面图 ⑥ T0201-06 建筑节点施工图 ⑦ T0201-07 10kV 配电室零米沟道布置图 ⑧ T0201-08 10kV 配电室零米沟道断面施工图 ⑨ T0201-09 二次设备室基础平面布置及详图	① T0201-10 电容器室基础平面布置及详图 ② T0201-11GIS 设备基础平面布置图 ③ T0201-12GIS 设备基础详图	设备厂家结构有偏差，根据实际工程设备平面布置调整		
配电装置室结构施工图 （12 张图）		T0202-01 结构设计总说明	根据工程实际情况调整一些数据	① T0202-02 配电装置室基础施工图 ② T0202-03-3.000～-0.060 混凝土柱平法施工图 ③ T0202-04-0.060m 地梁平法施工图 ④ T0202-05（4.130）第 1 层屋面板配筋图 ⑤ T0202-06（4.000）第 1 层节点平面布置图 ⑥ T0202-07（8.000）第 2 层节点及吊点平面布置图 ⑦ T0202-08Ⓐ、Ⓑ轴框架节点立面布置图 ⑧ T0202-09Ⓒ轴及①、②轴框架节点立面布置图 ⑨ T0202-10③～⑩轴框架节点立面布置图 ⑩ T0202-11 构造详图（一） ⑪ T0202-12 构造详图（二）	与站址地质、地震烈度、地基承载力、GIS 吊点布置有关
辅助用房建筑结构施工图 （5 张图）	T0203-02 辅助用房建筑施工图	① T0203-01 辅助用房建筑、结构设计说明 ② T0203-03 辅助用房基础施工图 ③ T0203-04 辅助用房框架梁柱施工图 ④ T0203-05 辅助用房结构节点大样图	根据工程实际情况调整一些数据		
消防泵房施工图 （7 张图）	① T0204-01 建筑设计说明 ② T0204-03 消防泵房建筑图 ③ T0204-04 消防泵房平面布置图	① T0204-02 结构设计说明 ② T0204-05 混凝土结构钢结构施工图 ③ T0204-06 结构节点详图 ④ T0204-07 结构节点详图	根据工程实际情况调整一些数据		

卷册	完全通用	微调通用	微调原因	不可通用	不可通用原因
主变压器场地基础施工图 （13张图）	① T0301－01 设备支架说明 ② T0301－02 主变压器基础及油池平面布置图 ③ T0301－03 主变压器基础及油池施工图 ④ T0301－04 中性点装置基础图 ⑤ T0301－05 10kV 母线桥支架 ⑥ T0301－06 10kV 母线桥支架基础图 ⑦ T0301－07 智能控制柜基础施工图 ⑧ T0301－08 检修箱基础图 ⑨ T0301－09 二次结合电缆井图 ⑩ T0301－10 一次电缆井及电缆支架基础图 ⑪ T0301－11 110kV 电缆支架 ⑫ T0301－12 防火墙施工图 ⑬ T0301－13 室外投光灯（遥视装置）基础图				
独立避雷针施工图 （5张图）	① T0302－01 设计说明 ② T0302－02 避雷针针管（BG1）组装图及材料表 ③ T0302－03 避雷针支架（BJ1）组装图及剖面图 ④ T0302－04 避雷针支架（BJ1）材料表及构件详图 ⑤ T0302－05 避雷针基础图				
暖通部分 （3张图）	① N0101－01 设计说明 ② N0101－02 暖通平面布置图 ③ N0101－03 综合材料表				
给排水施工图 （5张图）	① S0101－02 配电装置室消防栓及灭火器配置图 ② S0101－03 辅助用房给排水及灭火器配置	① S0101－01 给排水、消防设计总说明 ② S0101－04 给排水总平面布置图 ③ S0101－05 综合材料表	根据工程给排水引接条件、站内管沟实际布置进行调整		
消防泵房安装图 （4张图）	① S0102－01 消防水池施工图 ② S0102－02 消防泵房管道布置图	① S0101－03 消防泵房基础及埋管布置图 ② S0101－04 给排水、消防主要设备材料表	根据实际设备尺寸、需要根据站内管沟布置进行调整		
事故油池施工图 （3张图）	① S0101－01 水工构筑物结构设计与施工说明 ② S0101－02 总事故油池施工图 ③ S0101－03 总事故油池结构图				